Anderl · Reineck
mini-handbuch **Organisationsentwicklung**

MIRJA ANDERL, UWE REINECK

mini-handbuch Organisations-entwicklung

KONZEPTE, METHODEN, PRAXISTIPPS

Dieses Bildkartenset ist erhältlich als:
ISBN 978-3-407-36665-8 Print
ISBN 978-3-407-29576-7 E-Book (PDF)
ISBN 978-3-407-29577-4 E-Book (epub)

1. Auflage 2018

Werderstraße 10, 69469 Weinheim
service@beltz.de

Lektorat: Ingeborg Sachsenmeier
Umschlaggestaltung: Antje Birkholz
Umschlagillustration: Jonathan Bachmann
Illustrationen: Christian Ridder, Berlin
Herstellung: Victoria Larson
Satz: publish4you, Bad Tennstedt
Druck und Bindung: Beltz Grafische Betriebe, Bad Langensalza
Beltz Grafische Betriebe ist ein Unternehmen mit finanziellem Klimabeitrag (ID 15985-2104-1001).

Printed in Germany

Weitere Informationen zu unseren Autoren und Titeln finden Sie unter:
www.beltz.de

Inhaltsverzeichnis

Einleitendes

Mit diesem Buch wollen wir Ihnen eine knappe Einführung in die Welt der Organisationsentwicklung geben. Wir beschreiben zahlreiche erprobte und neue Formate und Methoden, die Organisationsentwickler in Unternehmen unterschiedlichster Art nutzen. Wichtig war uns dabei, den praktischen Teilen des Buches stets fundierte theoretische Informationen zuzuordnen. Das Mini-Handbuch lässt sich gut zu einem Konzeptionsgespräch oder Workshop mitnehmen und dient als schnelle Handreichung. Wenn Sie Fragen oder Anregungen zu Themen haben, so laden wir Sie gern ein, mit uns in Kontakt zu treten:

- Mirja.Anderl@maiconsulting.de und/oder
- Uwe.Reineck@maiconsulting.de

ZIELGRUPPEN

Dieses Buch haben wir für interessierte Organisationsentwickler geschrieben, die in der Rolle als interne Berater, externe Berater, Personalentwickler oder Führungskräfte Unternehmen human und effizient gemeinsam mit Betroffenen gestalten wollen. Organisationsentwicklung benötigt neugierige und mutige Menschen, die Lust haben, sich auf Abenteuer einzulassen, die zwangsläufig beginnen, wenn sie sich Fragen stellen wie zum Beispiel:

- Was machen wir?
- Wie arbeiten wir hier und wie machen wir das?
- Wie können wir das, was wir machen, besser und nachhaltiger gestalten?
- Was können wir verändern und wie?

Nach unserer Erfahrung sind Menschen nach Veränderungsabenteuern meist noch neugieriger und meist noch mutiger. Genau für diese Zielgruppe haben wir das Buch geschrieben. Es soll gleichermaßen Einladung, Bestärkung, Warnung, Aufforderung und Inspiration sein!

DER BUCHAUFBAU

Das Mini-Handbuch ist in fünf Teile gegliedert, die nacheinander oder auszugsweise gelesen werden können. Sie bauen nur insofern aufeinander auf, als dies der rote Faden ist, den wir für unsere eigene Arbeit gefunden haben:

- Im ersten Teil definieren und erklären wir die Begriffe Organisation und Organisationsentwicklung. Dafür sind die Prinzipien grundlegend und wer möchte, kann die Geschichte nachvollziehen.
- Der zweite Teil beschäftigt sich mit den Menschen, die in Organisationen handeln und diese entwickeln wollen. Dazu haben wir die Beratungsstile und die Haltung der Organisationsentwickler beschrieben – Basiswissen für Menschen, die sich ihr von außen nähern, oder für Menschen in Organisationen, die entdecken können, was sie im Unternehmen benötigen.
- Der dritte Teil ist der eigentliche Hauptteil dieses Buches. Hier finden Sie diverse Arbeitsfelder der Organisationsentwicklung dargestellt. Das sind die Arbeitsfelder, in denen wir in verschiedenen Organisationen in den letzten Jahren Erfahrungen machen durften und diese gesammelt und für dieses Buch aufbereitet haben. Wichtig ist uns, dass die Formate nicht eins zu eins übernommen werden können. Sie sind eher als Anregung, als ein Vorbild für die eigene Herangehensweise an Organisationsentwicklungsprozesse zu verstehen.

- Während im dritten Teil die Formate und Methoden direkt auf das Arbeitsfeld bezogen sind, haben wir im vierten Teil übergeordnete Themen beschrieben. Hier geht es um den Anfang der Entwicklung (... wenn ein Berater die Organisation trifft oder eine Führungskraft über die Organisation reflektiert), die Analyse (die eigentlich keine ist und durchaus über eine reine Analyse hinausgeht) und innovative allgemeine Umsetzungsformate.
- Im fünften Teil erhalten Sie Informationen über uns und den Illustrator, finden im Literaturverzeichnis alle Bücher, die wir als Quellen verwendet haben, sowie solche, die Sie zur weiteren Lektüre nutzen können. Im Methodenverzeichnis sind alle dargestellten Methoden aufgelistet.

DANKESCHÖN

Auch wenn es nur als »mini-handbuch« betitelt ist, so ist es ein Buch, das viel Aufmerksamkeit benötigt – wir sind froh über die große Unterstützung von allen Seiten. Ganz besonders danken wir allen Kunden und unseren Kollegen der MAICONSULTING. Vor allem Esther Ruh unterstützte uns so vielseitig bei der Entstehung des Buches: Nicht nur inhaltlich an vielen Stellen, sondern auch durch stetes Dranbleiben und schnelle Korrekturen der Texte.

Wieder einmal haben wir mit Christian Ridder zusammengearbeitet, weil wir seine Kreativität in der Ausarbeitung schätzen. Seine Zeichnungen runden die Texte ab und stellen manche unserer kopflastigen Sätze in den Hintergrund.

Unsere Kinder hatten (immer wieder) wunderbar Verständnis für unsere Nichtanwesenheit. Und da dieses Buch kürzer ist als die bisherigen haben wir Hoffnung, dass sie dieses (endlich) lesen werden.

Besten Dank auch an den Beltz Verlag und hier besonderen Dank an Ingeborg Sachsenmeier, die uns so wunderbar lenkt – von der Ideenfindung bis zum Abschluss des Buches.

Teil 1

Basiswissen Organisationsentwicklung

Was sind Organisationen?

ORGANISATION IM DYNAMISCHEN UMFELD

Natürlich wissen es die meisten: Wer etwas herstellt oder verkauft – ein Produkt oder eine Dienstleistung –, muss sich in Märkten und Wettbewerben bewähren, deren Dynamiken man sich vor einigen Dekaden noch nicht einmal vorstellen wollte oder konnte. Unternehmen müssen sich solchen Situationen stellen, aber – in modifizierter Weise – ebenso öffentliche Verwaltungen und soziale Einrichtungen. Gewachsene Strukturen und Vorgehensweisen stehen zunehmend auf dem Prüfstand. Der andauernde Anpassungsdruck verlangt einen Veränderungsdruck, der mittlerweile in seiner Heftigkeit keine vergleichbaren Vorbilder mehr findet.

Auch in ihrer Binnenstruktur sind Unternehmen komplexer geworden: Agilisierung, Internationalisierung, Standardisierung, Diversity, Innovation, Kultur, Kostenreduktion, Mitarbeiterzufriedenheit und Wachstum sind keine neuen Schlagwörter, aber immer noch die Überschriften schlagender Argumentationslinien der getriebenen Veränderungstreiber. Man muss etwas tun. Es wird etwas getan.

ORGANISATIONEN SIND GANZ ANDERS – SIE KOMMEN NUR NICHT DAZU

Sind Organisationen noch klein, mag man sie. Groß geworden beginnen sie aber ihr Eigenleben und werden kompliziert. Die meisten würden sie am liebsten abschaffen, wenn sie eine Alternative wüssten. Wer beklagt sie nicht, wenn er kann? Ineffektiv, intransparent, entmündigend! Die Vorwürfe sind immer dieselben. Oft scheint es, sie können die Menschen einfach nicht zufriedenstellen, und jeder hat Ideen, wie sie sich verbessern ließen.

Fragt man Betroffene, sind große Organisationen jedenfalls immer irgendwie in der Krise: zu langsam, zu träge, stets hinterherhinkend. Erfolgreich, sagt man, wären sie, wenn ihnen Passung gelänge. Wenn sie das liefern würden, was ihre relevanten Umwelten benötigen, wären alle zufrieden. Aber wie bestimmt man die Relevanz der Umwelt? Wer kann verbindlich sagen: Das ist wichtig und das lass sein? Oft scheint es, als gäbe es für jeden eine eigene Umwelt. Wie kann sie da passen? Jeder denkt doch: Eigentlich müsste sie ganz anders sein!

Ach, Organisationen sind eigentlich ganz anders, sie kommen nur nicht dazu. Sie waren eigentlich immer schöner gedacht, als sie real daherkommen. Und dann beschreiben und verkünden sie selbst noch die Ideale, an denen sie regelmäßig scheitern: gute Führung, agile Strukturen, kurze Entscheidungswege, passende Kultur, produktive Zusammenarbeit, attraktive Visionen, dialogische Entscheidungen, lernende Organisation, delegierte Verantwortung, nachhaltiges Wirtschaften, dynamische Fehlerkultur, zufriedene Mitarbeiter, starke Innovationskraft, echte Wertschätzung, interne und externe Vernetzung, dialogische Kundenorientierung.

Die Anforderungen an alle, die steuern sollen, sind paradox: Strukturen und Prozesse sollen stabil Output produzieren und sich gleichzeitig flexibel anpassen.

Womit beschäftigt sich Organisationsentwicklung?

In der Regel wenden sich Unternehmen dann an Organisationsentwickler, wenn sie geeignete Wege suchen, um Übergänge von einem alten Zustand in einen neuen, noch unbekannten Zustand zu gestalten. Nicht jede Organisationsentwicklung ist ein Change-Projekt, aber jedes Change-Projekt sollte auch aus der psychosoziologischen Perspektive der Organisationsentwicklung betrachtet werden.

Die Psychosoziologie drückt sich im Lebens- und Arbeitsgefühl der Menschen aus, in ihren Überzeugungen, Gewohnheiten und den Geschichten, die sie erzählen, in den Zeichen, die sie verwenden. Hier zeigt sich, wie im Unternehmen etwas unternommen wird.

Organisationsentwicklung ist die bekannteste psychologisch gestützte Form des geplanten Wandels in Unternehmen. In Anlehnung an verschiedene Quellen definieren wir Organisationsentwicklung wie folgt:

INFO: DEFINITIONEN ORGANISATIONSENTWICKLUNG

Organisationsentwicklung ist ein Sammelbegriff für theoretische Ansätze, Diagnoseverfahren, Interventionsmaßnahmen und Evaluationsmethoden, die Effektivität und Effizienz einer Organisation erhöhen und die organisationale sowie individuelle Lernfähigkeit fördern.

Die Veränderungs- und Entwicklungsprozesse der Organisation, und der in ihr und für sie tätigen Menschen, sollen dabei von diesen selbst aktiv getragen und bewusst gelenkt werden und somit zur Erhöhung des Problemlösungspotenzials und der Selbsterneuerungsfähigkeit der Organisation führen. Die Menschen gestalten dabei gemäß ihren eigenen Werten die Organisation und den Veränderungsprozess authentisch so, dass diese nach innen und außen den wirtschaftlichen, sozialen, humanen, kulturellen und technischen Anforderungen entsprechen können.

In der Regel werden in der Organisationsentwicklung zwei Ansätze unterschieden, die aus zwei unterschiedlichen Ausgangslagen resultieren: der reaktive Ansatz und der antizipative Ansatz.

- REAKTIV: Interventionen werden dann als reaktiv bezeichnet, wenn ihr Anlass eine krisenhafte Entwicklung ist.
- ANTIZIPATIV: Antizipative Organisationsentwicklung ist proaktiv und folgt den Zielen der Expansion, Weiterentwicklung oder Diversifizierung.

Eine weitere Unterscheidung betrifft die angestrebten Veränderungen. Dabei lassen sich Änderungen erster und zweiter Ordnung differenzieren.

- VERÄNDERUNGEN ERSTER ORDNUNG meinen quantitative, eher graduelle Entwicklungen im Sinne einer kontinuierlichen Verbesserung und Weiterentwicklung (zum Beispiel Verbesserung der Zusammenarbeit bestehender Gremien, Konkretisierung und Umsetzung eines Leitbilds).
- VERÄNDERUNGEN ZWEITER ORDNUNG bringen auch qualitative Neuerungen mit sich (zum Beispiel funktionale Umstrukturierungen, Änderungen in der Aufbauorganisation).

Eine nächste Unterscheidung betrifft den Umfang der Zielstellung.

- KULTURORIENTIERTE ORGANISATIONSENTWICKLUNG kümmert sich ausschließlich um das Denken, Fühlen und Verhalten im Unternehmen. In erster Linie geht es um all das, was jenseits der Aufbau- und Prozessorganisation eines Unternehmens und seiner strategischen Ausrichtung für die Menschen und die Organisation von Bedeutung ist. Wichtig sind also Fragen bezüglich Führung, Kommunikation, Haltungen, Emotionen, Motivation und Zusammenarbeit. Organisationsentwicklung in diesem Sinne beschäftigt sich dann nur mit der Psychosoziologie eines Unternehmens. Eine solche Perspektive auf das Unternehmen betrachtet die Aufbauorganisation, die Prozesse, die Märkte, die Inhaberstrukturen eines Unternehmens zunächst als gegeben beziehungsweise als Außenwelt des zu beratenden Systems mit.
- In einer ERWEITERTEN ZIELSETZUNG unterstützen Organisationentwickler auch die VERÄNDERUNG ODER NEUSTRUKTURIERUNG der Aufbau- beziehungsweise Prozessorganisation der Organisation. Dabei sehen sich Organisationsentwickler gemäß ihres Beratungsverständnisses als Begleiter eines Prozesses und weniger als Fachberater (s. Beratungsstile, S. 45 ff.). Sie versuchen, sich das Wissen des Systems nutzbar zu machen und sehen sich als Helfer zur Selbsthilfe.

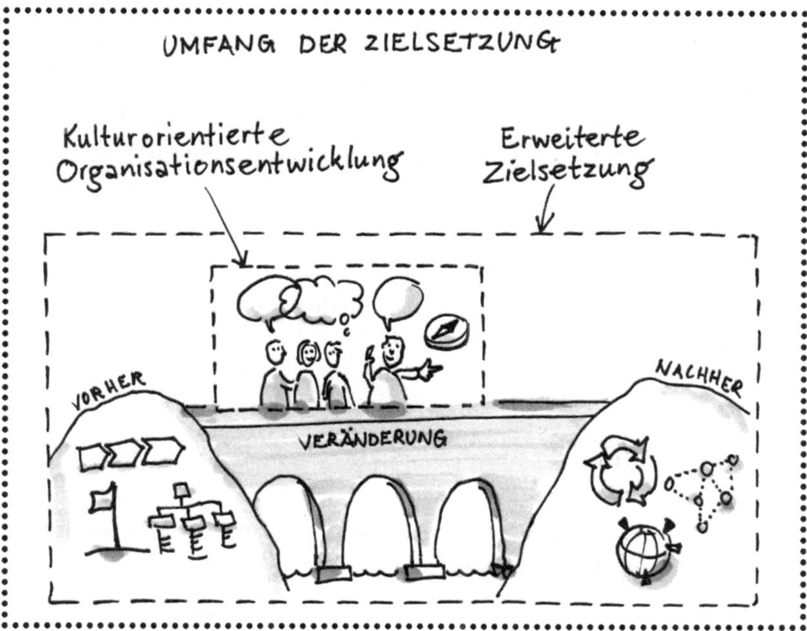

ORGANISATIONSENTWICKLUNG IN DER PRAXIS

Gäbe es einen idealtypischen Organisationsentwicklungsprozess, würde er bei der Organisationdiagnose und Hypothesenbildung beginnen, setzte sich fort über die Planung von Interventionen und Eingriffen auf der Grundlage empirisch gesicherter Wirkungstheorien und mündete dann in der Realisierung konkreter Maßnahmen, deren Ergebnis empirisch kontrolliert und evaluiert werden könnte.

In der Praxis sehen Organisationentwicklungsprozesse aber ganz anders aus. Die Diagnose und die Form der Diagnose sind bereits Interventionen: Fragen zu Führung, Konflikten, Kultur, Aufbauorganisation, Prozessen und Stimmungen eröffnen Diskurse über etliche Themen, die möglicherweise vorher nicht im Gespräch waren. Sind sie besprechbar und kritikwürdig, dann werden sie auch veränderbar.

In der Praxis gibt es selten linear beziehungsweise sequenziell verlaufende Organisationsentwicklungsprozesse, denn naturgemäß gelten in komplexen Systemen keine einfachen Kausalitäten. Zumindest sind sie für außenstehende Berater und manchmal auch für die Internen selbst bisweilen schwer durchschaubar. Organisationen sind nicht rational. Auch wenn Berater sich das nur ungern eingestehen, handeln sie ebenfalls meist nach dem Prinzip Versuch und Irrtum. Gefühlslagen von Irritation, Ratlosigkeit und Selbstzweifel sind bei Beratern normal.

DIE ORGANISATION ALS MINI-GESELLSCHAFT

Aus der Sicht von Organisationsentwicklern sind Organisationen Mini-Gesellschaften: komplexe politische Gebilde von Gruppen im Austausch, die Interessen- und Zielkonflikte haben und Wege finden müssen, diese zu lösen. Menschen in Organisationen realisieren ihre eigenen unterschiedlichen Wert- und Lebensvorstellungen und verfolgen dabei Aktivitäten, die unterschiedlich eng am Zweck und Ziel des Ganzen orientiert sind.

Die Komplexität und Differenziertheit moderner Gesellschaften findet sich gleichermaßen in den Unternehmen wieder, obwohl durch die rationale Ausrichtung und hierarchische Ordnung vieles einfacher scheint als »draußen«.

In der individuellen Menschenperspektive kann eine Organisation für manche Heimat sein, Identität stiften, Sinn erzeugen. Anderen ist sie Spielwiese ihres Ehrgeizes oder Bühne der Selbstherrlichkeit. Wo Menschen leben und arbeiten, gibt es Klatsch und Tratsch, Freude, Missgunst, Stolz, Neid, Unzufriedenheit, verdeckte und offene Konflikte, unauflöslich erscheinende Widersprüche, böse Geschichten und gute Geschichten, Liebe und Hass, Irrglauben, Lügen, Träume, Ungleichgewichte, Ungereimtheiten, Egoismen, Glaubenssätze. Organisationsentwickler erkennen diese Realitäten – jenseits aller zur Schau gestellten Rationalität – als bestimmend an und beziehen diesen Humanfaktor gern mit ein. Es geht nicht darum, die Rationalitätslücken einfach zu schließen, wie sich das so mancher Manager wünscht. Denn wahrscheinlich gebiert gerade ein solches Chaos die Sterne.

GELINGENDE ORGANISATIONSENTWICKLUNG

Auch wenn manche sich fragen: Wie kann Chaos, Improvisation, Prozessklitterung und Krisenmanagement zum Erfolg führen? Die Organisation in ihrer Gesamtheit scheint immer klüger als die Einzelnen. Sie schafft es irgendwie, auch wenn so mancher darauf wetten würde, dass ihr es nicht gelingt. Organisationen sehen immer schlechter aus, als sie tatsächlich sind. Sie werden in ihrer Unempfindlichkeit meist unterschätzt.

Menschen entwickeln ihre Organisation, indem sie beginnen, miteinander über sie nachzudenken. Eine Definition der Organisationsentwicklung lautet: Das sind alle geplanten und ungeplanten Veränderungen in einer Organisation. Wenn sich nicht so viele bemühen würden, Organisationen auf Gedeih und Verderb zu verändern, hätten sie vielleicht wieder mehr Muße, genau das zu tun: sich in Ruhe zu entwickeln. Möglicherweise würde es ausreichen, den Menschen Luft und Zeit zu lassen, von ihrer Arbeit zu erzählen, sich gegenseitig zeigen zu können, was geschafft wurde und noch zu schaffen ist und jemand sein zu wollen, der beim Erzählen zuhört und nachfragt.

Organisationsentwicklung wäre dann ein umfangreiches und viele Themen umfassendes Gespräch zahlreicher Menschen. Alle mit viel Neugier aufeinander. Gute Organisationsentwickler wären gute Zuhörer und Versteher, manchmal Dialogdesigner.

Prinzipien der Organisationsentwicklung

»WIE DU BEIM GEHEN DARAUF ACHTEST, DASS DU NICHT IN EINEN NAGEL TRITTST ODER DIR DEN FUSS VERSTAUCHST, SO NIMM DICH AUCH DAVOR IN ACHT, DASS DAS LEITENDE PRINZIP IN DIR KEINEN SCHADEN NIMMT. UND WENN WIR DIESE REGEL BEI JEDER HANDLUNG EINHALTEN, DANN WERDEN WIR MIT GRÖSSERER SICHERHEIT AN DIE SACHE HERANGEHEN.« (EPIKTET)

In der Organisationsentwicklung kommen viele Formate und Methoden zum Einsatz. Wichtiger aber ist die Haltung der Berater, mit der sie einer Organisation begegnen. Im Folgenden beschreiben wir einige Prinzipien der Organisationsentwicklung, die auch die Herangehensweisen bestimmen.

ORGANISATIONEN – DAS SIND DIE MENSCHEN. Wenn wir mit einer Organisation arbeiten, sehen wir sie als Ganzes, als kleine (geschlossene) Gesellschaft. Sie ist ein Gebilde aus Gruppen und Individuen, die zusammenarbeiten und dabei immer wieder Interessen- und Zielkonflikte austragen. Menschen realisieren unterschiedliche Wert- und Lebensvorstellungen, die manchmal vom Zweck des Gesamten losgelöst sind. Die Kompliziertheit und die Komplexität moderner Gesellschaften finden sich auch in den Unternehmen wieder. Und es ist gut, wenn Träume vom perfekten Unternehmen auch Träume bleiben. Ein perfektes Unternehmen wäre ein totalitäres Unternehmen.

In der Arbeit mit der Organisation werden ein cooler, analytischer Blick und zugleich ein liebevoller

Beziehungsaufbau und Engagement in der Arbeit mit den Menschen benötigt, um sie bei der Gestaltung ihres Lebensraums Organisation zu ermutigen und zu unterstützen.

ORGANISATIONSENTWICKLER GEBEN HILFE ZUR SELBSTHILFE. Im Gegensatz zu Fachberatern wissen sie nicht besser, was zu tun ist, sondern schaffen den Rahmen für eine Weiterentwicklung im Dialog. Organisationsentwickler ermutigen und helfen Menschen, ihre Organisation selbst zu gestalten.

BESSERE PRODUKTIVITÄT ENTSTEHT DURCH ENGAGEMENT. Die Verbesserung der Lebensqualität und der Problemlösefähigkeit stehen im Vordergrund. Da wo Menschen gern arbeiten, gut zusammenarbeiten und Selbstverwirklichung möglich ist, steigen die Chancen für mehr Produktivität.

ORGANISATIONSENTWICKLUNG STATT CHANGISMUS. Warum müssen Change-Projekte so großartig aufgesetzt werden? Vielleicht ist es besser, die Träume vom perfekten Unternehmen zu vergessen. Die bodenständige Alternative zum Veränderungsaktionismus besteht in permanenten Anpassungsleistungen der Organisation und ihrer Menschen, die das Gegebene erweitern, modellieren und Teil des Alltagsgeschäfts werden lassen. Das bedeutet: Keine riesigen Kick-offs mehr, die viel zu viel auslösen, was sie am Ende gar nicht einlösen können. Organisationen sind heterogen wie eine Mini-Gesellschaft und lassen sie eher als große Gesprächsrunden vorstellen. Nur an manchen Stellen lässt sich das Gespräch beeinflussen, auch wenn es natürlich am schönsten wäre, der gesamten Organisation zuzuhören.

Und wenn Berater anderen Menschen das Gefühl geben können, dass sie nicht immer nur Opfer der Umstände sein müssen, sondern mit anderen gemeinsam ihr Ding machen können, dann wäre das schon viel.

LEIDENSDRUCK STATT DRINGLICHKEIT. Die Aufteilung der Zuständigkeiten in großen Unternehmen zwischen denjenigen, die managen, und den anderen, die – gestützt auf Fachkenntnisse – die operative Arbeit machen, hat zu einer Entmachtung der Fachleute geführt und gleichzeitig zu einer überdimensionierten Aufwertung von Führung, Messung und Steuerung. Dabei könnte es so einfach sein: Wer die fragt, die sich mit den Themen auskennen, die genau wissen, was sie benötigen, um gut arbeiten zu können, der stößt in der Regel auf die wirklich bedeutsamen Themen.

BEZIEHUNG STATT FUNKTION. Oftmals bewertet die Organisation die Erledigung von Aufgaben höher als den Aufbau von Beziehungen. Hilfreich ist, wenn die miteinander arbeitenden Menschen in der Organisation eine gute Beziehung haben. Gute Beziehung bedeutet dabei eine vertrauensvolle und offene Teamkultur zu leben. Durch häufiges Zutrauen in die Erfüllung der Aufgabe erwächst Vertrauen (dadurch wird kostspielige Kontrolle unnötig). Offenheit braucht es deshalb, um in Arbeitskontexten schwierige Themen auch anzusprechen und kreative (vielleicht zunächst unsinnige) Ideen zu beschreiben (auszuplaudern). Dies kann nur in einer guten Beziehung entstehen, in der man sich sicher fühlt und vertrauen kann.

TATEN STATT WORTE: Handeln ist wichtiger als PowerPoint-Präsentationen. Dort, wo es darum geht, etwas zu verändern, sollte es tatsächlich gemacht und nicht nur darüber geredet werden. Als Appelle formuliert: Arbeitet nicht mehr mit Visionen, Absichtserklärungen, Veränderungsappellen! Lasst Taten sprechen! Die Einzigen, die Führungskoalitionen verändern können, sind diese selbst. Storymaking ist wichtiger als Storytelling!

ECHTE BILDER STATT VISIONEN – FACE REALITY: Gut wäre, weniger von der Zukunft zu träumen, sondern stattdessen das anzuschauen, was im Hier und Jetzt ist. Also am besten dorthin zu gehen, wo etwas getan wird und wo sich etwas tun soll.

Beispielsweise Perspektivwechsel durch Bewegung ermöglichen. Lernreisen nach innen und außen machen! Im Seminarhotel hat man in der Regel nur Visionen, auf Reisen dagegen entstehen echte Bilder. Wie wäre es, wenn der Traum von einer idealen Organisation zerstört würde und es gelänge, die bestehende Kultur anzunehmen und an ihr weiterzuarbeiten?

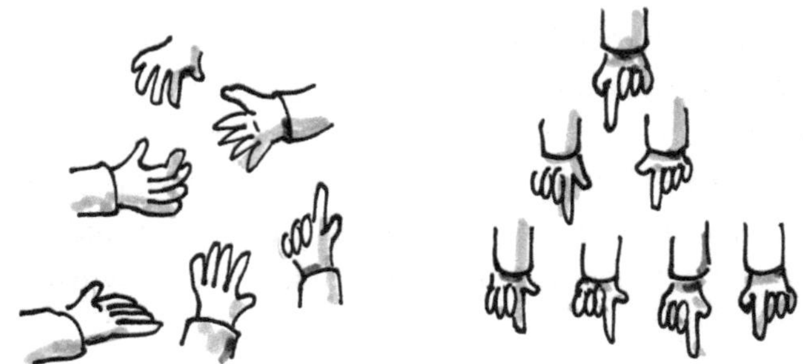

HETERARCHIE STATT HIERARCHIE. Mehr Führung wird gebraucht. Aber anders. Verteilte Führung. Führung aber ist zu wichtig, um sie nur den Führungskräften allein zu überlassen. Irgendwann am Ende steht verteilte Führung oder Selbstführung. Viele übernehmen Führungsaufgaben und alle führen sich selbst.

BESINNEN STATT EMOTIONALISIEREN. In den meisten Organisationen gibt es Geschichten von (missglückten) Veränderungen. Diese Geschichten sind Teil der Kultur (die verändert werden soll). Anhand der Art und Weise, wie solche Change-Vorhaben durchgeführt wurden, was sie bewirkt oder nicht bewirkt haben und wie sie verarbeitet wurden, können das System und seine Menschen verstanden werden. Große Emotionalisierungen in Veränderungsprozessen erzeugen vor allem Enttäuschungen. Besinnen wäre wichtiger: auf das, was bisher hilfreich war und was nicht. Sich gemeinsam der Reflexion hingeben und daraus das Neue entstehen lassen.

SCHÄTZE AUSGRABEN STATT ALLES NEU ERFINDEN. Wo haben sich gute Lösungen entwickelt? Vielleicht brechen sie Regeln und bleiben deshalb im Verborgenen, aber sie leben. Diese Querdenker bieten Lösungen an – sie gilt es zu stärken und zu verbreiten! Es sind diejenigen, die sie vorantreiben, die unterstützt werden sollten.

WEISHEIT DER VIELEN STATT SILBERRÜCKENENTSCHEIDUNGEN: Die Weisheit der Mitarbeiter nutzen! Technische Hilfsmittel so einsetzen, dass es funktioniert. Für Transparenz sorgen, damit Entscheidungsspielräume sichtbar werden. Die »Weisheit der vielen« ist die Alternative zu Überheblichkeit, Kurzsichtigkeit und Naivität eines Einzelnen.

SPIELE AUFDECKEN STATT SPIELEN. Spiel ist die Metapher für wiederkehrende Gesprächs- und Handlungsmuster in Organisationen, in denen Rollen übernommen oder zugewiesen werden, ohne dass die Beteiligten den Eindruck haben, aktiv auf das Geschehen Einfluss zu nehmen.

Organisationen sind Spielwiesen für Erwachsene. Werden in regelmäßiger Reflexion nervende Kommunikationsspiele aufgedeckt und beschrieben, kommen sie ins Bewusstsein und werden dekonstruiert. Sind die Spiele einmal enttarnt, werden sie in der Regel nicht mehr gespielt.

FÜHRUNGSKOALITIONEN VERÄNDERN SICH SELBST UND NICHT DIE ANDEREN.
Zunächst gilt es, die Führungskoalitionen einer Organisation zu verstehen: Veränderung beginnt oben. Die Organisation ist so, weil Führung so ist. Menschen verhalten sich systemlogisch. Sie richten ihr Verhalten danach aus, was die Organisation von ihnen erwartet beziehungsweise was sie denken, was diese von ihnen erwartet. Was die Führungsspitze tut, hat Signalwirkung, und die Einzigen, die Führungskoalitionen verändern können, sind die Menschen in der Führungskoalition selbst.

Eine kleine Geschichte der Organisationsentwicklung

Die Wurzeln der Organisationsentwicklung finden sich unter anderem in den Anfängen der Gruppenforschung, der Gruppenpsychotherapie, der Gruppendynamik und in den damit verbundenen Methoden der Aktionsforschung. Die Objekte der Forschung sind hier aufgefordert, zum einen selbst aktiv zu werden, und zum anderen neben der Rolle des Gegenstands der Erforschung zudem die Rolle des Forschers selbst zu übernehmen. Dieses Vorgehen hat sich in der Überzeugung, dass Betroffene beteiligt werden müssen, bis heute gehalten. Das war damals schon ungewöhnlich und ist es bis heute geblieben.

IN DEN 1920ER-JAHREN: DER AUFTRITT DER PSYCHOLOGEN

Die Psychologen kamen zunächst als Vermesser auf die Bühne. Sie sollten wissenschaftlich genau herausfinden, wer wann gut arbeitet und wer welche Arbeit übernehmen kann und soll. Führungsqualität als eigene Fähigkeit zu verstehen, als etwas Abgrenzbares von anderen Fähigkeiten, war damals neu, aber nicht einzigartig. Ähnliches geschah mit der Intelligenz, die erstmals bei Soldaten übergreifend vermessen wurde.

Am Anfang wurden der Mensch und seine Arbeit vermessen. Die Mensch-Maschine-Interaktion stand im Vordergrund. Wie lange braucht »man«, bis das oder jenes getan ist? Wie viele Pausen sollte »man« einlegen? Erst später trennte man das eine vom anderen. Man nahm das »man« ins Visier. Der Mensch allein wurde vermessen, um vorherzusagen: Wird er das Geforderte bringen? Vielleicht war das der Anfang der Spaltung, die auch heute noch in der Beraterszene zu erkennen und zu erleben ist: Die einen nehmen den Menschen ins Visier, die anderen die Arbeit.

Im Ersten Weltkrieg hatten die Psychologen üben dürfen. Die neuen Personalpsychologen, wie sie sich nannten, hatten Wege entwickelt, um die Rekruten auf psychische Störungen zu untersuchen und ihre Eignung für bestimmte militärische Aufgaben zu prüfen. Und sie begannen, Motivation und Kampfmoral zu untersuchen. Mithilfe von Motivationstrainings, um die die militärische Ausbildung erweitert wurde, wollte man die Kriegsmoral aufrechterhalten und fördern. Ergänzt wurde der allgemeine Optimierungswahn durch betriebsinterne Weiterbildungen von Arbeitern und die Entwicklung einer grundlegenden Funktion des organisatorischen Managements. Große Mengen an Kriegsmaterial wurden produziert und mussten an die Front gebracht werden.

In den 1920er-Jahren wurde die Arbeits- und Organisationspsychologie geboren. Spezialisten traten auf den Plan und lieferten Werkzeuge zur Vermessung des Menschen in der Arbeit. Gab es zu Anfang des Jahrhunderts noch überhaupt keine Veröffentlichung zum Thema, so waren es Ende der 1920er-Jahre schon um die 1 000 Fachveröffentlichungen und 80 Jahre später das Zwanzigfache.

Zur gleichen Zeit zog die Wirtschaft dieselben Psychologen zurate. Man wollte nun wissen: Welcher Arbeiter wird produktiv sein? Welcher nicht? Zunächst versuchten sie es mit der Korrelation von Intelligenz. Waren die Intelligenten auch produktiv? Das waren sie nicht. Dafür stellte man fest, dass bestimmte Persönlichkeitsmerkmale wie Ehrlichkeit, Loyalität und Verlässlichkeit für die Produktivität viel wichtiger waren.

Hier beginnt die Erfolgsgeschichte von Elton Mayo und Hawthorne. »Hawthorne-Studien« wurde eine Reihe von Untersuchungen zur Arbeitsorganisation genannt, deren Ergebnisse noch heute jeder angehende Psychologe büffeln muss, weil sie für die Prüfung im Fach Wirtschaftspsychologie relevant sind. Der Name stammt von den »Hawthorne-Werken« der »Western Electric Company«, die nach dem Ort Hawthorne, nahe Chicago, benannt waren. Ursprünglich untersuchten die Soziologen um Elton Mayo (1880–1949) im Rahmen eines zehnjährigen Forschungsprojektes (1924–1934) Ermüdungsfaktoren. Dabei fanden sie heraus, dass Pausenregelungen, Lohnzahlungen, Arbeitsplatzbeleuchtung und Zimmertemperatur nicht ganz so viel mit der Effektivität und Zufriedenheit am Arbeitsplatz zu tun hatten, wie vermutet. Das Klima innerhalb der Arbeitsgruppe war viel bedeutsamer für das Arbeitsergebnis als alles andere.

Heute erscheinen uns die Ergebnisse selbstverständlich, damals waren sie revolutionär: Menschen in Arbeitskontexten schienen demnach einen großen Wunsch nach Wertschätzung durch die Kollegen aus der eigenen Arbeitsgruppe zu haben. Diese Wertschätzung war für die Arbeitsmotivation der meisten Menschen sogar wichtiger als betriebliche Belohnungs- und Entlohnungssysteme. Denken, Fühlen und Handeln des Einzelnen – so zeigten es die Ergebnisse – wurden vor allem durch die Arbeitsgruppe bestimmt. Konkurrenzsituationen zwischen Kollegen aus der gleichen Arbeitsgruppe wurden eher vermieden und mehr Spezialisierung führte nicht zwangsläufig zu einer Erhöhung der Effizienz.

Ein neues Tätigkeitsfeld war geboren: Die Verbesserer der zwischenmenschlichen Beziehungen am Arbeitsplatz versprachen nun, durch mehr Arbeitszufriedenheit die Arbeitsmotivation – und damit die Effizienz – zu erhöhen. Jahrzehnte später, in den 1970er-Jahren, hatte Henry McIlvaine Parsons Zweifel an der Seriosität der Felduntersuchung und recherchierte. Er fand heraus, dass Mayo und seine Kollegen bei der Publikation ihrer Studien wichtige Informationen zurückgehalten hatten. Das stellte die vormals für so erhellend gehaltenen »Hawthorne-Experimente« in ein trübes Licht. In Wahrheit nämlich waren die Versuchspersonen harsch und rüde angegangen worden, wenn sie zu viel redeten. Außerdem wurden sie zu schnellerem Arbeiten angehalten. Die Studienleiter drohten den Probanden, sie wieder zurück zu den anderen Arbeitern zu schicken, sollten sie nicht im Zeitplan bleiben. Auch regelmäßiges »Leistungsfeedback« gehörte zum Alltag der Experimente. Solche massiven Manipulationen der Versuchspersonen machten die Ergebnisse natürlich problematisch. Die Hawthorne-Experimente waren demzufolge auch nur ein Teil der Misere, für deren Bewältigung sie später herhalten sollten. Obwohl diese üblen Manipulationen längst bekannt sind, wurden die Studien zur Mutter der Human-Relations-Bewegung in der Arbeitswelt.

Das Nebenprodukt der Revision wurde übrigens zu einem Haupteffekt in der Wissenschaftsgeschichte und gab diesem seinen Namen: In der Soziologie und der Psychologie gilt der sogenannte »Hawthorne-Effekt« als gesichert. Seither weiß man, dass Versuchspersonen, die um ihr Beobachtet-Werden wissen, ihr übliches Verhalten verändern.

GRUPPENDYNAMIK WIRD WICHTIG

1940 lud die amerikanische Regierung 25 führende Psychologen nach Washington zur Diskussion ein, um militärische Fragen mit dem wissenschaftlichen Kenntnisstand über die Zivilbevölkerung zu verzahnen beziehungsweise um entsprechende Forschungsprogramme zu erörtern und aufzulegen. Die Psychologen gehörten unterschiedlichen Disziplinen an und sollten unter anderem die Regierung mit Informationen über die patriotische Gesinnung der Bevölkerung und die Kampfmoral amerikanischer Soldaten versorgen. So war die Regierung etwa an der Beantwortung der Frage interessiert, wie die Bevölkerung auf einen Eintritt in den Zweiten Weltkrieg reagieren würde.

Die politischen Ereignisse (Pearl Harbor, 07.12.1941) entwickelten jedoch eine derart rasche Eigendynamik, dass die Ergebnisse der Befragung nicht abgewartet werden konnten. Zwar trat hier noch kein direkter Einfluss auf die Politik auf, bemerkenswert ist aber, dass die Regierung in einer kritischen Zeit eine Expertise erwog, was sich als zusätzlicher Anstoß für die Weiterentwicklung gruppendynamischer Prozesse werten lässt.

Weitere Ansätze der Gruppenforschung sind in der Zeit nach dem Krieg zu erkennen, als sich die Wissenschaftsförderung generell im Aufschwung befand. Zwar lag der Schwerpunkt der Investitionen bei den Naturwissenschaften, doch wurde die Forschung der Sozialwissenschaften ebenfalls forciert. Arbeitslosigkeit, Armut, Immigration und veränderte Arbeitsbedingungen erforderten sozialwissenschaftliche Studien und Ansätze, um neue gesellschaftlichen Entwicklungen und Möglichkeiten auszuloten. Im Kern ging es darum, inwiefern das, was in Gruppen geschieht, Einfluss auf und Nutzen für den Erfolg von Organisationen hat oder gar den entscheidenden Faktor für Veränderungen darstellen kann. Erste Erfahrungen wurden gesammelt und fortan unter dem Begriff der »Gruppendynamik« erforscht.

Ende der 1950er-Jahre begannen einige große Unternehmen wie Esso, Union Carbide, TRW System Groups sowie Entwicklungsteams der Raumfahrt das Lernkonzept der Gruppendynamik organisationsintern als Trainings einzusetzen.

In Deutschland fand das erste Gruppendynamikseminar 1963 in Schliersee (Oberbayern) statt. Ziel dieses Seminars war, den autokratischen Erziehungsstil von 30 Lehrern in drei Wochen zu beeinflussen. Methodisch waren die Tage von Gruppenarbeit in sogenannten T-Groups geprägt. Die Aufgabe der Gruppe bestand darin, sich selbst zu erforschen. Von den Trainern wurden nur Ort und Zeit vorgegeben, jedoch kein genauer Arbeitsplan. Die Gruppe war darauf angewiesen, den Lernprozess selbst zu gestalten, was besonders in der Anfangsphase auf alle Beteiligten recht verunsichernd wirkte. Das Seminar in Schliersee kam bei den Lehrern gut an. Am größten war der Lernfortschritt wohl bei Einsichten in soziale Gesetzmäßigkeiten und ihre Handhabung sowie beim Reflektieren der eigenen Wahrnehmungen und Verhaltensweisen.

In der Folgezeit entstand eine beachtliche Organisationsentwicklungbewegung, die Ende der 1960er-Jahre zur Festlegung von Ausbildungsrichtlinien für Gruppendynamiktrainer führte. Im »Psychoboom« der 1970er-Jahre verwischten sich zeitweise die Grenzen zwischen Gruppentherapie und Gruppendynamiktraining, was sich unter anderem daraus erklärt, dass viele Gruppentrainer auch eine psychotherapeutische Ausbildung hatten und somit in die Laboratorien therapeutische Interventionselemente einbrachten.

In den 1980er-Jahren erlebte die Organisationsentwicklung eine Blütezeit, als an Universitäten dazu experimentiert und geforscht wurde und ein Angebot an Lehrgängen entstand. Auch die Betriebswirtschaftslehre griff das Thema auf. Dort blieb es aber eher in den Kinderschuhen stecken. Hingegen kamen die Ansätze der Organisationsentwicklung und der Gruppendynamik mehr und mehr im Denken von Organisationen an, wo sie ein neues Verständnis für die eigenen Funktionsweisen und Abläufe bewirkten und den Umgang mit Gruppen prägten.

AKTIONSFORSCHUNG ALS EINE QUELLE: KURT LEWIN (1890–1947)

Durch Kurt Lewin erfuhr das Konzept wissenschaftlicher Sozialforschung eine Neuinterpretation, indem er die Objektivitätsvorstellung fallen ließ. Dieses Prinzip sieht den Forscher als Beobachter eines Objekts. Man meinte, je besser seine Distanz schaffenden Methoden seien, desto neutraler ließen sich soziale Phänomene so beschreiben, wie sie »wirklich« sind.

Demgegenüber verfolgte Lewin mit seinem Aktionsforschungsansatz ein anderes Ziel. Er verbindet Selbstbeobachtung mit Selbstreflexion. Der empirisch arbeitende Forscher begibt sich in das Untersuchungsfeld, um es gemeinsam mit den betreffenden Akteuren zu verbessern.

Neuartig war der Ansatz der Aktionsforschung: Problemlösungen nicht von außen zu erzwingen, sondern sie in der betreffenden

Situation gemeinsam mit den Beteiligten zu finden. Aktionsforscher suchen den Entstehungsort des Problems auf (Betrieb, Schule oder andernorts). Dabei gehen sie in den sozialen Kontext, um mitten in der Dynamik vorhandener Strukturen mögliche Probleme mit den Beteiligten zu analysieren. Das kann durch schriftliche Umfragen sowie durch mündliche Interviews vonstattengehen. Die erhaltenen Informationen werden sodann zielgerichtet in die Organisation zurückgegeben. Je nach Absicht der Intervention wird ein passendes Feedback ausgewählt, also die entsprechende Form, der richtige Zeitpunkt und die Art der Informationen, die zurückgegeben werden. Durch die Einbeziehung dieser Elemente kommt es zur unterstützten Selbstanalyse der Beteiligten. Aktionsforschung ist ein Anwendungskonzept. Der Aktionsforscher ist dabei ein »Fachexperte«, der die Betroffenen nicht zu Objekten von Forschung und Veränderung macht, sondern soweit wie möglich zu Subjekten. Das bedeutet: Sie werden zu Mitgestaltern dieses Prozesses.

Lewin konnte zeigen, dass Verhaltensänderungen vor allem dann zu erzielen sind, wenn sich die Mitglieder einer Gruppe zu einem bestimmten Verhalten verpflichten (Commitment). Er schloss aus seinen Studien, dass das Prinzip »Unfreezing, moving and refreezing« bei Veränderungen in Gruppen greift: Erst muss eine alte Einstellung aufgetaut, dann eine Verhaltensänderung erreicht und darauf dieses neue, veränderte Verhalten wieder eingefroren werden.

Die ersten Projekte auf dem Gebiet mögen aus heutiger Sicht nicht allzu spektakulär wirken, damals aber waren sie revolutionär und haben ein neues, zeitgemäßes Verständnis von Beratung entscheidend mitgeprägt. Um die besondere Rolle der Aktionsforschung für die Entwicklung der Prozessberatung besser zu verstehen, folgt ein kleiner Einblick in jene frühen Projekte.

Die erste Aktionsforschung in der Industrie fand 1939 in einer ländlichen Gemeinde in Virginia statt. Das Management der Harwood-Manufacturing-Corporation hatte Probleme, die anvisierten

Produktionszahlen zu realisieren. Alle möglichen Versuche, das Unternehmen aus dem Produktionstief zu holen, zeigten bis dato nicht die erwünschte Wirkung. Und so beauftragte man Kurt Lewin, die Ursache des Problems herausfinden. Aus seiner Sicht lag sie darin, dass den Mitarbeitern das Produktionsziel zu hoch erschien. Das Nichterreichen des Ziels wurde nicht als persönliches Versagen empfunden, das durch Selbstmotivation hätte ausgeglichen werden können. Vielmehr sahen die Mitarbeiter die Ursache im Management, das die scheinbar unerreichbaren Produktionszahlen festgesetzt hatte.

Lewin bat daher das Management um dreierlei:

- Die einzelnen Leute sollten nicht mehr unter Druck gesetzt werden.
- die Mitarbeiter sollten als Gruppe und nicht als Individuen angesehen werden.
- Es müsste eine Möglichkeit geschaffen werden, bei der die Mitarbeiter das gesteckte Ziel als durchaus erreichbar erkennen konnten.

Zur Umsetzung dieser Prämissen Lewins heuerte das Management nun Arbeiter einer eben erst geschlossenen Fabrik an, die sich, hoch motiviert und glücklich über die Wiederbeschäftigung, den Aufgaben und dem Produktionsziel stellten. Und die beides auch erfüllten. Den »alten« Mitarbeitern wurde das scheinbar nichtrealisierbare Ziel des Managements als doch realisierbar gezeigt und so stiegen die Produktionszahlen bei ihnen ebenfalls an.

Dass das vermeintlich unerreichbare Ziel tatsächlich erreicht worden war, änderte das Betriebsklima nachhaltig. Lewin betreute das Management und die Belegschaft auch weiterhin und überzeugte dabei mit Humor, Herzlichkeit und ehrlichem Interesse. So konnte er den Vorschlag für ein Forschungsprogramm durchsetzen, das sein Kollege Alex Bavelas leitete. Bavelas führte wöchentlich mehrere

Gespräche mit einer kleinen Gruppe von Arbeitern, um Defizite und Chancen der Produktionssteigerung zu diskutieren. Am Ende eines solchen Gesprächs (jeder wurde auch einzeln befragt), legte die Gruppe selbst fest, um wie viel sie sich steigern wollte und welchen Zeitrahmen sie dafür benötigte. Dieser kleinen Gruppe gelang es, ihre selbst gesteckten Ziele zu erreichen, während die anderen Arbeiter keinen signifikanten Leistungszuwachs erkennen ließen. Lewin zufolge kam es zu diesen Ergebnissen, da der Entscheidungsakt die Motivation mit der Handlung verband.

SOZIOMETRIE: JAKOB LEVY MORENO (1889–1974)

Historisch wird Moreno als Begründer der Gruppenpsychotherapie und Lewin als Begründer der psychologischen Gruppenarbeit, der Gruppendynamik und der Aktionsforschung bezeichnet. Moreno und Lewin begegneten sich persönlich erst relativ spät, nämlich 1935. Sie hielten danach aber den Kontakt stets aufrecht.

Morenos Einfluss auf Kleingruppenarbeit, Aktionsforschung und psychologische Gruppenarbeit ist kaum überliefert, umso mehr aber sein Einfluss auf die Organisationsentwicklung.

In Bukarest als Sohn eines Kaufmanns geboren, floh die bedrohte jüdische Familie 1893 nach Wien und siedelte nach einigen Jahren erneut nach Berlin um. Bald darauf kehrte der junge Moreno, 14-jährig und bereits sehr eigenständig, allein nach Wien zurück, machte das Abitur und nahm 1909 das Studium der Philosophie auf, bevor er ins Fach Medizin wechselte, worin er 1917 promovierte. Seit seiner Jugend vom Stegreiftheater fasziniert, verstand Moreno es schon in seinen frühen Berufsjahren die kreative Spielform mit seinem Interesse an Gruppenprozessen zu kombinieren. Als Arzt war er 1917 im Flüchtlingslager in Mitterndorf bei Wien und 1918 bis 1925 in der Kammgarnfabrik in Vöslau beschäftigt. Dort fand er erste Anregungen für eine soziometrische Organisation.

Die *Soziometrie* ist eine Methode, die Beziehungen zwischen Mitgliedern einer Gruppe in einer Matrix grafisch zu erfassen sucht, sodass mithilfe unterschiedlicher Kennzahlen das System analysiert werden kann. Dabei werden im Vorfeld alle Mitglieder befragt, wie ihre Einstellung zu jedem anderen Gruppenmitglied ist (zum Beispiel: »Zählen Sie bitte auf, welche Arbeitskollegen Sie sympathisch finden?« Oder: »Mit wem möchten Sie …?«).

Diese frühen Ansätze sind Teil der späteren Aktionsforschung: am Ort des Geschehens wird geforscht, dort, wo die Probleme beobachtet und angegangen werden können.

1925 zog Moreno in die USA. Seine Forschung und Theorien wurden erst nach und nach bekannt: 1931 machte er Erfahrungen mit gruppentherapeutischen Methoden im Strafvollzug in der Strafvollzugsanstalt Sing Sing nahe New York, deren Erkenntnisse er veröffentlichte (»National Committee on Prisons and Prison Labor«, 1932, später »Who shall survive«, 1934). In diesen Schriften werden nicht nur die Begriffe »Gruppenarbeit« und »Gruppenpsychotherapie« eingeführt, sondern Prinzipien, die für psychologische Gruppenarbeit und Aktionsforschung bis heute Bedeutung haben:

- Wechselseitige Beziehungen bestimmen den therapeutischen Prozess.
- Es gibt einen teilnehmenden Beobachter, der den Gruppenprozess unterstützt und nicht außerhalb steht.
- Themen werden innerhalb der Gruppe bearbeitet und jeder ist »ein Therapeut des anderen«.

Als Intervention entwickelte Jakob Levy Moreno *Soziodrama* und *Psychodrama*. Mithilfe dieser Methoden konnten die gewonnenen Daten unmittelbar ausgewertet und in Handlung umgesetzt werden. Seine kreativen und praktischen Methoden für die psychologische Arbeit mit Gruppen haben große Wirkung auf die heutige Organisationsentwicklung, obwohl er das Wort »Organisation« explizit nicht erwähnte. Für ihn stand der Mensch – seine individuelle Persönlichkeit – im Vordergrund. Sowohl seine Theorien als auch das Zusammentreffen und -arbeiten mit entscheidenden späteren Vertretern der Gruppendynamik und Organisationsentwicklung brachten die Forschung voran. Kurt Lewin und Jakob Levy Moreno trafen sich zum ersten Mal 1935 durch die Vermittlung von Alfred Marrow, einem Schüler Lewins, der eine Biografie über Lewin veröffentlichte. Später betonte Moreno, dass Lewin besonderes Interesse an den demokratischen Strukturen von Gruppen im Kontrast zu ihren Laissez-faire- und autoritären Strukturen hatte.

Es gab viele weitere Treffen und Lewin schien Morenos Einfluss auf die Theorie von Gruppen und deren Dynamik so bedeutend zu sein, dass er seinen Studenten empfahl, an Morenos Gruppenarbeit teilzunehmen.

Zusammenfassend lässt sich feststellen, dass die Gruppendynamik und die Aktionsforschung offenbar zwei »Väter« haben: Lewin und Moreno. Die Ideen Lewins und die Praxis Morenos sind in der heutigen Gruppendynamik und Organisationsentwicklung in fruchtbarer Weise miteinander verbunden: auch wenn Moreno für viele Konzepte und Methoden einen zeitlichen Erstanspruch erheben kann, so muss der Beitrag Lewins in seiner systematisierten Art und Weise im Hinblick auf seine Auswirkung auf die Industrie gewürdigt werden.

PROZESSBERATUNG: ED SCHEIN

Auch der Sozialpsychologe Edgar H. Schein (*1928) gilt als einer der »Väter« der Organisationsentwicklung und Prozessberatung. Er prägte die Human-Resources-Schule der Organisationsentwicklung der späten 50er- und 60er-Jahre des 20. Jahrhunderts. Was er tut und was er darüber denkt, hat er einmal folgendermaßen zusammengefasst: »Immer wieder höre ich von Beratern, wie wichtig es sei, eine formale Diagnose zu erstellen. Berichte zu schreiben, bestimmte Empfehlungen abzugeben. Verzichten sie darauf, haben sie das Gefühl, ihre Arbeit nicht ordentlich erledigt zu haben. Ich verstehe nicht wirklich, warum wir unsere Erfahrungen aus anderen helfenden Berufen – Erfahrungen darüber, die Klienten zu beteiligen, im eigenen Rhythmus zu lernen, den Klienten zu helfen, ihre Probleme zu verstehen und selbst zu lösen – nicht auf das Gebiet der Management- und Organisationsberatung übertragen können« (Schein 2003, S. 303 f.). Prozessberatung basiert auf einer Philosophie des Helfens. Dabei wird der Prozess des Helfens bestimmt durch die Haltung des Beraters, die sich in einer Beziehungsgestaltung zeigt.

Ed Schein beklagt, dass in der klassischen Beratungspraxis der Beziehungsaufbau zwischen Berater und Klient gleich zu Beginn der Beziehung am meisten fehle. Dieser sei von größter Wichtigkeit, weil nur dadurch der Klient in die Lage versetzt werden könne, seine Probleme wahrzunehmen, zu verstehen und darauf zu reagieren.

Ed Schein fand einen dritten Weg in der Beratung, indem er sich von den klassischen Beratungskonzepten distanzierte.

- Im EXPERTENMODUS in der Beratung wird dem Kunden gesagt, was er zu tun hat: Beratung als Informationseinkauf.
- Im ARZT-PATIENT-MODUS soll der Berater die Organisation »durchchecken« und Bereiche herausfinden, in denen etwas nicht in Ordnung ist. Die Diagnose der Ursachen, ihre Eliminierung oder die anschließende »Therapie« durch den behandelnden Berater stehen im Vordergrund.
- Der PROZESSBERATUNGSMODUS ist anders: Der Kunde wird in den Prozess miteinbezogen. Er weiß zu Beginn nur, dass er etwas unter Zuhilfenahme eines Beraters verbessern möchte. Die Art der Hilfe wird gemeinsam erarbeitet. Das Wissen zur Lösung ist beim Kunden bereits vorhanden. Der Berater ist der Designer der Interventionen, die helfen und das System auf der Suche nach eigenen unentdeckten Ressourcen begleiten.

Ed Schein gilt als »der« geistige Vater der Prozessberatung und Organisationentwicklung und seine Gedanken haben die Beratungswelt maßgebend geprägt. Er hat die Art und Weise der Beratung wie Organisationsentwickler sie betreiben, von anderen Beratungsformen unterschieden, um deutlich zu machen, was das Besondere an diesem Ansatz ist. Im nächsten Teil zeigen wir im Überblick die verschiedenen Beratungsstile und ihre Abgrenzungen.

Teil 2

Berater und was ihnen in Organisationen begegnet

Dieser Teil widmet sich den Menschen, die in Organisationen und für Organisationen arbeiten. Den Schwerpunkt bilden die Sichtweisen und Handlungsmöglichkeiten der internen und externen Berater – jedoch ist jeder dazu eingeladen, sich Gedanken zu machen, wie eine Organisation entwickelt werden kann. Für die anderen sei dieses Kapitel eine Inspiration für eigenes Wirken.

- Zunächst gehen wir auf die unterschiedlichen BERATUNGSSTILE ein: Welche Zugänge gibt es in Organisationen?
- Wichtig für beraterisches Wirken ist die HALTUNG. Aus den im ersten Teil beschriebenen Prinzipien ergibt sich die Haltung eines Organisationsentwicklers.
- Dem Berater begegnen in Organisationen viele Themen. Wir beschreiben an dieser Stelle ein paar ILLUSIONEN, die als Geister in Organisationen herumschweben.
- Wichtig ist der Grundsatz: Zukunft braucht Herkunft! Als besonderes Format beschreiben wir die VERÄNDERUNGSRUINENSCHAU. Gemeint ist damit eine Rückschau darauf, wie die Organisation ihre bisherigen Veränderungsprozesse verkraftet hat und welche Veränderungsruinen herumstehen. Über diese Bescheid zu wissen, ist für den Berater für sein weiteres Wirken in der Organisation unabdingbar.

Die unterschiedlichen Beratungsstile

»DIE WEICHEN FAKTOREN SIND DIE HARTEN!«

Organisationsentwicklung ist nicht denkbar ohne die Menschen, die die Organisationen beobachten und in ihnen intervenieren. Dem internen oder externen Beobachter wird deutlich, dass – je nachdem welche Hintergründe vorhanden sind und was benötigt wird – unterschiedliche Handlungen erforderlich sind. Hier wird gern zwischen harter und weicher Beratung unterschieden.

EXKURS: BERATUNG – HART, WEICH, BLUTIG ODER MEDIUM

Üblicherweise werden der harten Beratung folgende Qualitäten zugeschrieben: Sie arbeitet mit speziellem Fachwissen, kennt sich in den Methoden der Projektarbeit aus und analysiert objektiv bestehende Strukturen und Prozesse.

Weiche Prozessberater stehen in der Tradition von Ed Schein. Sie zwingen der Organisation kein Fachwissen und keine Methoden auf, sondern erarbeiten Lösungen mit dem System. Sie wollen den vorhandenen Wissensschatz heben.

Im Nachfolgenden beschreiben wir vier mögliche Zugänge, die es einem Berater erleichtern, zu erkennen, was eine Organisation tatsächlich benötigt.

FACHBERATUNG wird angefordert, um Wissen oder Lösungen in die Organisation zu holen. Das zugrunde liegende Beratungsverständnis ist in diesem Fall das »Sag-uns-was-und-wie-wir-es-tun-sollen«-Modell. Manager der Organisation stellen eine Ist-Soll-Lücke fest und suchen auf dem Beratermarkt einen Beratungsanbieter aus, der verspricht, das Defizit auszugleichen. In der Regel wählen Manager bekannte Marken, damit sie ihr Risiko minimieren. Dabei vertraut der Kunde auf erprobte und standardisierte Methoden und Instrumente des Beraters. Mögliche Aufträge sind: Veränderungsprojekte in der Aufbau- und Ablauforganisation, Einführung eines IT-Systems oder Durchführung eines Kostensenkungsprogramms. Der Käufer wünscht sich Argumente, Entscheidungshilfen und vor allem schnelle, messbare Lösungen. Der Fachberater wird dafür eingekauft, ein bestimmtes Ergebnis zu bringen, das vorher festgelegt wird.

Begonnen wird in der Regel mit einer Diagnosephase, an die sich eine Art Gutachten anschließt, das in einen Projektplan mit festen Meilensteinen mündet. Der Kunde überwacht, ob das Ziel erreicht wird. Die Berater zeigen Präsenz beim Kunden und werden in der Organisation mit dem Auftrag assoziiert. Der Fachberater hat die Rolle des Experten, Ingenieurs, Planers und Wissenschaftlers inne.

ORGANISATIONSUNTERSTÜTZUNG wird beauftragt, wenn ein Problem kurzfristig gelöst werden soll. Der Kunde erwartet vom Berater, dass er die Störung schnell behebt, damit im Betrieb wieder alles reibungslos laufen kann. Das zugrunde liegende Beratungsverständnis ist das »Arzt-Patient-Modell«: Mit einer »Therapie« sollen Schwächen ausgebügelt werden. Im Auftrag kann es zum Beispiel um die holprige Umsetzung einer bereits eingeführten Änderung der Prozesse gehen. Der Auftrag bezieht sich dabei auf ein begrenztes Problem, das manchmal aus der Lösung eines anderen Problems entstanden ist. Der Kunde vertraut darauf, dass der Berater die Schwierigkeiten schnell aus der Welt schaffen kann. Häufig wird diese Form der Organisationsunterstützung eingeholt, wenn die Fachberater ihr Fertighaus hingestellt haben, aber keiner einziehen will.

Bildungsmaßnahmen sind solche Zugänge. Trainings sollen Wissens- oder Verhaltensdefizite ausgleichen. Manchmal helfen sie tatsächlich, wenn Wissen fehlt, um etwas erledigen zu können. Wo Wollen oder Dürfen fehlen, helfen solche Maßnahmen nicht. Sie schaden dann eher. Denn: Die Lösung »Bildungsmaßnahme« wird zum Problem, wenn das erwünschte Verhalten nicht gezeigt wird, weil die verborgenen Regeln der Organisation das gewünschte Verhalten eigentlich verbieten. Der Berater zur Organisationsunterstützung hat die Rolle eines Psychologen, Trainers, Moderators und Troubleshooters inne.

KOMMUNIKATION wird angefordert, wenn ein bereits vorhandenes Projekt oder Programm einer größeren Anzahl von Personen im Unternehmen plausibel gemacht werden soll. Der Kunde erwartet vom Berater eine sogenannte Storyline und ihre Verbreitung. Alle sollen die Veränderung kennen, verstehen und akzeptieren. Neben der Storyline haben die Kommunikationstools eine besondere Bedeutung. Für Informationen werden Artikel, Podcasts, Plakate, Newsletter und Ähnliches genutzt. Neben einseitiger Information bestimmen häufig auch dialogische Formate den Austausch – beispielsweise Intranet, interne Blogs, Videokonferenzen und firmeninterne soziale Netzwerke. Der Berater für Kommunikation hat die Rolle des Verkäufers, Journalisten und Katalysators inne.

ORGANISATIONSENTWICKLUNG wird im ersten Beraterkontakt selten angefordert, vielleicht weil vielen Kunden die Definition des Begriffs unbekannt ist oder vielleicht gerade, weil sie sie kennen? Die Realitäten des Kontextes (des Marktes) gemeinsam zu bestimmen und neu anzupassen, nachhaltige Veränderungen auf allen Ebenen zu bewirken, ist ihr Ziel. Der Kunde erwartet vom Berater, dass er der Organisation zu Beweglichkeit, Eigenständigkeit und Agilität verhilft. So soll eine neue – flexible – Organisationskultur geschaffen werden.

Einer dringlichen Not sollte das Unternehmen nicht ausgesetzt sein, denn solche Transformationen verlangen die geduldige Ausdauer aller. Der Organisationsentwickler arbeitet aus diesem Verständnis heraus mit und an Emotionen und Beziehungen. Er hat die Rolle des Gefährten, Therapeuten und Gärtners inne.

Haltung des Organisationsentwicklers

Verändern sich Haltungen und Verhalten in Organisationen, wird das an den Menschen sichtbar: Sie arbeiten nicht nur anders, sie denken und sprechen über ihr Unternehmen in anderer Weise, in anderen Bildern. Die Veränderung einer Organisation drückt sich aus in den Prozessen, Strukturen und im Lebens- und Arbeitsgefühl der Menschen – in ihren Überzeugungen, Gewohnheiten und den Geschichten, die sie erzählen.

Organisationsentwicklung will Denken, Haltung und Verhalten verändern; nicht die Tools sollen ausgetauscht werden, der *Sinn* soll sich wandeln. Dies fügt der Beratung eine ethische Dimension hinzu und macht Beratungsunternehmen für Organisationsentwicklung manchmal zu Tendenzbetrieben mit einer Mission. Organisationsentwickler der alten Schule haben in vielen Fällen humanistisch-therapeutische Hintergründe und glauben an die Entfaltung und Selbstverwirklichung der Menschen in Organisationen.

Die Haltung des Organisationsentwicklers orientiert sich an folgenden Grundsätzen:

- Heterarchie ist die Utopie guter Organisationsentwicklung! Hierarchie ist ein interessanter Versuch, komplexe Systeme zu steuern. Auf lange Sicht aber ineffizient. Organisationsentwickler träumen von Organisationen, die sich anders steuern.
- Organisationsentwickler wollen mehr, als nur Unternehmen zum Erfolg führen. Sie arbeiten mit Leidenschaft an Unternehmen, in denen die Menschen mehr finden als Arbeit, in denen passende Formen von Führung und Zusammenarbeit möglich werden.
- Organisationsentwickler sind Unternehmenskulturschaffende!

- Kulturarbeit bedeutet Einfluss zu nehmen auf Haltung und Verhalten der Menschen. Organisationen sind dazu da, bunte Weltkomplexität zu reduzieren. Bei diesem Unterfangen entwickeln sich oft Kulturen, die versuchen, die Komplexität der Menschen zu reduzieren. Das kann man den Organisationen verzeihen, muss man aber ändern.
- Organisationsentwicklung ist die Kunst, soziale Beziehungen zielgerichtet zu gestalten. Gute Beziehungen zu schaffen, das ist die Basis – denn: Wenn die Qualität der Kommunikation steigt, werden die Aufgaben besser erledigt.
- Organisationsentwickler verkaufen ihre Zeit. Organisationsentwickler denken nicht in Produkten, sondern in Kontaktqualitäten. Nicht die Methoden der Prozessberatung wirken, es ist die Haltung der Berater.
- Organisationsentwickler arbeiten nur für diejenigen Organisationen erfolgreich, denen sie auch Erfolg wünschen. Sie helfen Unternehmen effizienter zu machen, aber sehen sie gleichzeitig als Orte, an denen Menschen eine Menge Zeit verbringen. Deshalb sind gute Unternehmen mehr als effiziente Geldmaschinen. Sie sollen auch Orte für Spaß, Persönlichkeitsentwicklung und andere gute Sachen sein. Wie könnten Wirtschaftswelt und Lebenswelt versöhnt werden?
- Organisationsentwickler glauben, dass Menschen gut arbeiten wollen. Komfortzonen sind die Luftschutzbunker der Mitarbeiter gegen Demotivationsangriffe der Organisationen. Die These, dass Menschen eigentlich ihr Bestes geben wollen (und Organisationen häufig so sind, dass sie das verhindern) ist idealistisch, aber wenn man an sie glaubt, kann man es plötzlich sehen. Dort, wo Organisationsentwickler arbeiten, entdecken Mitarbeiter ihre Stärken neu und stärken damit Neues.
- Organisationsentwickler leisten Hilfe zur Selbsthilfe. Sie bringen keine Ziele in die Organisation, sondern betreiben Hebammenkunst. Am Anfang müssen sie verstehen, was anders werden und

was erhalten bleiben soll. Sie fragen nach und sind zurückhaltend mit eigenen Lösungen. Sie geben Feedback über ihr Verständnis der Situation und über mögliche Probleme. In der Arbeit selbst sorgen sie für Orientierung und Transparenz ihres Vorgehens. Sie geben Sicherheit in der Unsicherheit, sie sind als Person präsent und ermutigen zum Aushalten von Ambivalenz. Sie sorgen für Langsamkeit. Schnelligkeit macht Lösungen oberflächlich.

- Organisationsentwickler lieben Konflikte und Versöhnungen. Sie konfrontieren mit Wahrheiten, helfen Tabus zu entdecken und sorgen für klare Sprache. Um das tun zu können, müssen sie unabhängig sein oder sich zumindest so fühlen. Sie sehen das Gute (im Schlechten). Sie arbeiten mit den Widerständen, sprechen Emotionen an und nehmen Ängste auf. Nach Auseinandersetzungen helfen sie bei neuen Zusammensetzungen. Sie arbeiten an gemeinsamen Vorstellungen, Bildern und Zielen der Organisation.
- Organisationsentwickler denken kurzfristig langfristig. Sie helfen langfristig an einer Organisation zu basteln, die zu den Mitarbeitern, Märkten und Zielgruppen passt. Die Arbeit gestaltet sich dabei prozessorientiert: der nächste Schritt wird jeweils vom Ergebnis des vorherigen bestimmt. Dabei ist die Rolle des Beraters, Prozesse zu strukturieren und zu stabilisieren, nicht die inhaltlichen Lösungen zu erarbeiten.
- Organisationsentwickler helfen Organisationen beim Feiern. Am besten, indem sie selbst mitfeiern. Beteiligte zu Besoffenen (an der Freude über Gelungenes …) machen.

Organisationen und ihre Illusionen

Stefan Kühl, einer der besten Organisationsversteher, der uns bisher untergekommen ist, versucht das Mysterium des doch irgendwie Funktionierenden aufzuklären: »Organisationen scheinen über ›Tricks‹ zu verfügen, um die internen Kommunikationsprozesse beständig, berechenbar und regulierbar zu machen, um so zu verhindern, dass die internen Prozesse zu einer rein zufälligen Ansammlung von Kommunikationen verkommen« (Kühl/Moldaschl 2010, S. 219).

Diese Tricks sind – so Kühl – die Organisationsstruktur oder, systemisch gesprochen, die »Entscheidungsprämissen«. Das sind vorgegebene Rahmenbedingungen, die Organisationen kennzeichnen. Treten Menschen in eine Firma, einen Verband, eine Behörde oder Ähnliches als Mitglieder ein, können sie nicht irgendetwas tun, sondern sollen das tun, was in ihrer Rolle als Pförtner, Entwicklungsleiterin oder Berater erwartet wird. Würden Einzelne beginnen, während eines Meetings Klavier zu spielen, Seil zu hüpfen oder Lollies zu tauschen, würde das in der Regel Sanktionen nach sich ziehen (solange sie nicht der Boss sind …).

Auch scheint schwer vorstellbar, dass die Entwicklungsabteilung eines Autokonzerns sich plötzlich entscheidet, nur noch die Flauschigkeit von Teddybären zu optimieren. Struktur gewordene Vorgaben manifestieren sich für Organisationsmitglieder und -teile in Rollenerwartungen, die sie zu erfüllen haben. Im Gegensatz zu – beispielsweise – Rollen in der Familie können Rollenträger diese Rollen auch wieder verlieren, wenn sie den Erwartungen nicht entsprechen.

Organisationen haben einen hohen Grad an Robustheit, weil sie Individuen, vermittelt über Rollenerwartungen, nur bestimmte Handlungen erlauben und andere nicht. Sie halten viele Störungen, Abweichungen, Interventionen aus, ohne ihren Output zu ändern.

Sie sind zäh. Glauben Manager, sie haben es mit Gesamtlösungen zu tun, so sind ihre Einflussmöglichkeiten doch nur beschränkt. Das eben macht den Vorteil der völligen Fragmentierung aus. Die relative Unverbundenheit schützt auch vor völligem Scheitern: Wenn in einem Bereich etwas schiefgeht, dann geht es nicht überall schief. Ein Erfolgsfaktor der fragmentierten Organisation ist ihre Trägheit; eben weil nicht alle Rollouts umgesetzt werden, läuft der Laden. So machen sich die Widerständigen um das Ganze verdient.

Wären Organisationen Menschen, wären sie ziemlich einfach strukturiert: hätten wenig Interessen, würden immer nur vom Gleichen in verschiedenen Variationen reden und sich – ganz egoistisch – nur für sehr wenige ausgewählte Themen interessieren. Von den meisten Geschehnissen in der Welt nähmen sie gar keine Notiz … und das wäre sehr gut so, denn das hielte sie irgendwie gesund.

Umgekehrt haben diejenigen, an die die Organisation Erwartungen hat, natürlich ebenso Erwartungen an die Organisation. Dass sie für ihre Arbeit Geld bekommen, dass Organisationen rational und gerecht sind, dass sie Wertschätzung bekommen und so weiter. Diese Erwartungen können vernünftig sein oder auch nicht. In der Regel sind die Erwartungen, die an eine Organisation gestellt werden, immer höher als das, was sie einlösen kann. Organisationen sind und waren immer schon Projektionsflächen für Wünsche, Sorgen, Enttäuschungen und Träume, deren Ursprünge, aber auch Erfüllungsorte, nur woanders liegen können als zum Beispiel in einem Instandhaltungswerk für Straßenbahnen.

Woran liegt das? Vielleicht daran, dass Menschen immer das Gefühl haben, mehr in ein Unternehmen zu geben, als sie bekommen – und wahrscheinlich stimmt das auch. Beruf und Arbeit waren schon immer zentrale Größen für die Identität. Menschen gaben Unternehmen wohl schon immer Zugriff aufs Private. Nur scheinen diese sich das Private heute mehr nehmen zu wollen denn je: Enthusiasmus, Leidenschaft, Gefühl … den ganzen Menschen eben. Die Beziehung wird wirklich privat.

DER ILLUSIONENAUFRÄUMDIENST

Wo wir in Unternehmen als Organisationsentwickler arbeiten, treffen wir häufig auf überhöhte Erwartungen oder auch Enttäuschungen, die eine gute Entwicklung stören. Wir Berater treffen uns dann und reden darüber, welchen Illusionen wir begegnen und bei welchen wir den Mitarbeitern sinnvollerweise helfen sollten. Wir nennen das Illusionenaufräumdienst.

Helfen bedeutet in diesem Sinne, die Illusionen sichtbar und besprechbar zu machen (und damit aufzuräumen) oder sie als Illusion im Versteck zu belassen (und damit nicht aufzuräumen). Die Illusionen sind Ausdruck der Beobachtungen der Berater. Zusammengefasst in Thesen können diese in unterschiedlichen Gremien vorgestellt und diskutiert werden: zum Beispiel in Führungskräfteveranstaltungen, Workshops mit Mitarbeitern, Großgruppentreffen oder in Gesprächen mit Einzelnen. Thesen werden vorgetragen und angeschrieben, um sie anschließend durchsprechen zu können.

Nach dem Gespräch wird die Welt nicht besser sein, die Arbeit wird sich nicht verändern. Spürbar ist jedoch die befreiende Wirkung, nicht einer Fantasie nachzuhängen, die es gar nicht geben kann. Eine Entlastung des Einzelnen tritt ein: Diejenigen, die Probleme gern persönlich nehmen und verändern wollen, merken dann, dass sie persönlich keine Änderung herbeiführen können und dass sie lernen müssen, damit umzugehen.

DREI ILLUSIONEN

Im Folgenden beschreiben wir drei Illusionen, die uns häufig in Unternehmen begegnen und die wir gern aufräumen. Inhaltlich betreffen sie folgende Themenbereiche:

- Kultur-Change-Prozesse
- Diversifizierung
- Führungskräfte

ILLUSION 1: HOFFENTLICH IST NACH DEM CHANGE-PROZESS ALLES BESSER … (Kultur-)Change-Prozesse sind schwierig, vor allem dann, wenn sie etwas verändern sollen. Es gibt heute keine Veränderungsprojekte mehr, die anfangen und enden und danach ist alles besser. Solche Hoffnungen werden in der Regel am Anfang geweckt, und sie bleiben meist lange wach. Organisationen machen ihre Insassen selten glücklich. Es gibt zu viele Reibungsverluste, Widersprüche, Paradoxien, »Unmöglichkeiten«.

Wenn Organisationen beginnen, sich mit sich selbst zu beschäftigen, dann sollten schon Modulationen des Gegebenen zufrieden machen. Sehen wir eine Organisation als ein großes Gespräch an, dann sind Berater eingeladen, an diesem großen Gespräch teilzunehmen. Vielleicht können sie an manchen Stellen auf die Wendungen des Gesprächs Einfluss nehmen, Impulse geben, neue Themen öffnen. Das wäre doch schon sehr viel. Vielleicht können sie helfen, dass Menschen in Unternehmen sich nicht immer nur als Opfer der Umstände oder der anderen begreifen müssen, sondern ins Handeln kommen und mehr ihr Ding machen …

Wenn wir also annehmen können, dass es keine wirklich gute Organisation gibt und dass Führung, Zusammenarbeit, Kultur immer einem Garten ähneln, der viel Arbeit macht, dann wendet sich der Blick. Dann geht es nämlich vielmehr darum, die Sinne zu schärfen für das, was gut ist im Schlechten – oder sogar zu sehen, wozu das Schlechte bisher gut war. Und nachdem dies eventuell erkannt worden ist: das Schlechte durch etwas weniger Schlechtes zu ersetzen.

Kultur verändern und Veränderung kultivieren hieße dann, sich mit weniger zu bescheiden. Nicht die ganz großen Veränderungen zu wollen und es als Scheitern zu betrachten, wenn ein idealistisches Leitbild nicht umgesetzt wird, die neue Strategie nicht in den Köpfen aller ist und, und, und …

Vielmehr hieße es, akzeptieren zu lernen, dass nicht alle den gleichen Ehrgeiz haben, dass Führung zum Teil nicht ausgeübt wird, Kommunikation versandet und Umsetzungen nicht in vollem Umfang stattfinden. Und dennoch weiterzumachen und dennoch vielleicht Utopia zu suchen und so zu tun, als wäre das Beste möglich. Dabei aber – und das wäre der Unterschied – verzeihend zu bleiben, wenn das Gewünschte nicht eintritt, nicht nach Schuldigen zu suchen oder bitter zu werden.

ILLUSION 2: WENN DOCH ALLE AN EINEM STRANG ZÖGEN ... Es ist ein großer, alter Wunsch derjenigen, die Organisationen führen und sich ganz oben in dünner Luft befinden: eine verschworene Gemeinschaft Gleichgesinnter um sich zu wissen, in der alle nur ein Einverständnis haben und aus diesem heraus für die Organisation richtig handeln. Bemühungen von Beratern und Managern, solche Allianzen von Einverstandenen herzustellen, enttarnen manchmal emotionale Defizite der Bemühten, immer aber deren Naivität. Solches Tun mündet häufig in Visionsformulierungen, die knapp Fanclubniveau erreichen und Mitarbeiter zu Recht in tiefen und authentischen Sarkasmus führen statt zu gewünschter Gefolgschaft. Organisationen müssen intern Streit haben, um die Komplexität der Außenwelt innen abzubilden. Beispiel: Die Marketingabteilung fordert den schnelleren Wechsel der Farbpalette, die Fertigung kommt damit nicht zurecht. Die Personalabteilung forciert Diversity-Programme, das übrige Unternehmen interessiert sich nicht dafür. Zusammengefasst: Organisationen sind gezügelte Konfliktaggregate.

Große Organisationen haben keine Zentralperspektive mehr: Sie sind multikulturell und heterointentional. »Die Konsequenz dieser Ausrichtung der Organisation auf ganz verschiedene Umwelten ist [...], dass zwar unterschiedliche Umweltanforderungen bearbeitet werden können, die Organisation jedoch intern keine Rationalisierung mehr in Hinblick auf lediglich ein Bezugsproblem hat [...]. Die stringente auf einen Zweck ausgerichtete Organisation ist ein Ding der Unmöglichkeit« (Kühl/Moldaschl 2010, S. 221).

ILLUSION 3: WENN ES DOCH GUTE FÜHRUNG GÄBE ... Führungskräfte waren früher diejenigen, die wussten, wie es ging. Sie hatten das Fachwissen, den Überblick und die Koordinationsmacht. Meist resultierte ihr Wissen und Können – und damit ihre Legitimation – aus dem, was sie allen anderen voraushatten: Erfahrung.

Aber: Extrem arbeitseilige Kontexte benötigen und produzieren Spezialisten, die in ihren Arbeitsgebieten selbst die Meister sind und oft nicht mehr von den Erfahrungen anderer profitieren können. Damit kommt ein klassisches Selbstverständnis von Führung in die Krise. Vorgeschriebene Prozesse, die bestimmen, wer was wann und wie zu tun hat, vertreiben die Führungskräfte vom Ort des Geschehens in geschütztere Gefilde: Manchmal sind das Meetings. Viele Meetings.

Einige Organisationsentwickler (wir kommen später auf sie zurück) beschreiben Führung, die weiß, wo es langgeht und was zu tun ist, nur noch als unentbehrliche Selbsttäuschung der Organisation. Sie haben die zentrale Funktion Projektionsfläche für die Unzufriedenheit der Mitarbeiter darüber zu sein, dass ihnen keiner mehr sagt, was zu tun ist. Führungskräfte sind dann vornehmlich Erwartungsmanager, sie halten die Stimmung oben, bis sich alles irgendwie erledigt.

Auch wenn wir diesen drastischen Beschreibungen nicht gänzlich folgen, zeigt sich: Führung ist in der Krise. Zumindest dort, wo klassische Hierarchie als Steuerungsinstrument in der Komplexität leitend sein soll. Ganze Branchen leben von der beliebten Illusion, alles würde besser, hätte man endlich gute Führungskräfte ...

Zukunft braucht Herkunft: Veränderungsruinenschau

»WIR BEGREIFEN DIE RUINEN NICHT EHER, ALS BIS WIR SELBST RUINEN SIND.« (HEINRICH HEINE)

Welche Kultur, Regeln und Tabus in einer Organisation gelten, lässt sich gut erforschen, wenn man die Geschichte der vorangegangenen Veränderungsprozesse – das Gelingen und das Scheitern – beleuchtet.

ARCHÄOLOGIE DER VERÄNDERUNGSRUINEN

Wer Unternehmen verstehen und entwickeln will, benötigt eine Führung durch die Veränderungsruinen. Mit anderen Worten: Wer verändern will, muss auch die vorhergehenden Spielzüge kennenlernen – das Metaspiel. Organisationaler Wandel basiert auf der Veränderung von »Spielen«, die in der Vergangenheit gespielt wurden. Wir nennen sie hier Routinespiele. Routinespiele bewahren Bestehendes, sie stellen den Organisationszweck sicher und ermöglichen den Spielern einen Handlungsspielraum.

Für das Verstehen von Routinespielen sind also die Kenntnis über den Verlauf der letzten Routineveränderungsspiele und das Wissen darüber, welchen Einfluss sie auf die Regeln der Organisationen hatten, notwendig. Ein Berater sollte sich auf diese Spiele unbedingt einlassen, um zu verstehen, was gespielt wird.

Spannend wäre auch, einen Blick auf die früheren Berater zu richten:

- Wie viele Berater haben schon mitgespielt?
- Welche Beraterspiele werden und wurden gespielt?
- In welcher Sache wurde der Berater dazu geholt?
- Welchen Einfluss hatten die Beraterspiele auf die Organisation?

ENTTÄUSCHUNG WIRD ZYNISCH. Den Blick auf Vergangenes zu richten ist eines der großen Tabus. Gerade wenn es um Weiterentwicklung geht, soll das Neue nicht beschmutzt werden – durch das Alte, Missglückte. Dabei gibt es in den meisten Organisationen eine erzählte Geschichte der (missglückten) Veränderungen – oder viele davon. Will man neue Entwicklungen ermöglichen, wird es darum gehen, die Geschichte der Veränderungen anzuschauen und – wo notwendig – neu zu verarbeiten; das heißt: sie zu verändern.

Bei allen Veränderungen geht es in besonderer Weise darum, Menschen zu gewinnen, mit ihnen loszugehen, »aufzubrechen« im eigentlichen Sinne des Wortes, Neues zu wagen, es anders zu machen, sich vielleicht sogar neu zu erfinden.

Aber genau darin liegt die Gefahr: Veränderung, vor allem Kulturveränderung, ist immer eine Projektionsfläche für übersteigerte Erlösungsfantasien, die immer enttäuscht werden (müssen). Und werden sie nicht als Erfolg erlebt, dann erzeugen sie Zynismus.

BERATER SCHÜREN DIE EMOTIONEN. Aus Erfahrungen werden in der Regel Erwartungen. Aus unserer Beraterpraxis wissen wir, dass die meisten Menschen keine guten Erfahrungen mit dem Spielverlauf der Veränderungsprozesse gemacht haben und daher nichts Gutes von zukünftigen Spielzügen erwarten. Die Emotionalisierungsspektakel in Form klassischer Kick-offs (in vielen Fällen eingebettet in Großveranstaltungen) sind häufig billige Einladungen in die Regression, scheinbar Teil eines Ganzen zu werden, das es nicht gibt und nicht geben wird. Sie treiben Menschen noch höher auf die Erwartungsgipfel und sie fallen tief (oder erfrieren in eisigen Höhen).

JAMMERN HILFT. Menschen in Unternehmen sind voll von solchen Geschichten. Sie erzählen sie klagend, bisweilen anklagend. Das Jammern der Mitarbeiter – ein bekanntes Ritual in großen Organisationen – könnte allerdings der Anfang einer neuen Verarbeitung des Erlebten sein, wenn die Opfer nicht im Selbstmitleid stecken bleiben. Jammern war schon immer ein Teil der Psychohygiene der Abhängigen. Manchmal glauben wir Autoren (aus eigener Erfahrung), dass ausgiebiges Jammern und Klagen vor Burnout schützen kann, weil all den anderen für alles alle Schuld gegeben werden kann. Gibt es einen wohltuenderen Freispruch? Es mag nicht gerecht und nicht produktiv sein, aber es ist gesund!

GESCHICHTE(N) VERSTEHEN. Wer also Neues ermöglichen will, sollte den alten Geschichten Gehör schenken, auch wenn es Mühe bereitet, weil die meisten Wege zum Neuen durch diese alten Jammertäler führen. Im Folgenden beschreiben wir unsere Methoden, wie aus Jammertiraden und Vorwürfen doch noch eine produktive Empörung werden kann, aus der die Energie für eine Veränderung der Veränderung entsteht. Die Geschichte der Veränderungen ist die Kulturgeschichte des Unternehmens, die es zu verstehen gilt. Hat man sie verstanden, hat man viel verstanden.

In der Veränderungsruinenschau begegnet man den Projekten, die begeistert begonnen und nie beendet wurden. Viele Manager sind keine Häuslebauer, die dranbleiben und rumbasteln, bis es gut ist. Lieber beginnen sie Neubauten. Sie sind Neubaunomaden, ziehen weiter, wenn etwas zu schwierig wird und zu lange dauert. Für die, die sich etwas erhofft hatten, die Sesshaften, ist das schmerzhaft.

Das System wird am besten verstanden, wenn die Art und Weise sowie die Auswirkungen – gute wie schlechte – der vorangegangenen Veränderungsprozesse betrachtet und verstanden werden. Daher ist es wichtig, noch bevor die nächste Veränderung eingeläutet wird, anzuschauen, was schon alles versucht wurde.

NEUES ANFANGEN. Wie wäre ein Anfang durch Innehalten? Mit der Überlegung, was in den vergangenen Veränderungsprozessen schiefgelaufen ist. Wo liegen die Kränkungen? Welche Zynismen waren die Folge? Wie viel Glaubwürdigkeit ging verloren? Das hört sich religiöser an, als es ist, das muss kein Trauerspiel sein und keine Büßerrunde. Face Reality genügt. Das wäre nämlich die Basis für einen Neuanfang.

VERÄNDERUNGSRUINENSCHAU

Und was spricht dagegen, erst einmal in Workshops daran zu arbeiten, was war, bevor man sich auf die Zukunft stürzt? Das kann in unterschiedlicher Intensität geschehen. Aber die, die sich hauptberuflich damit auseinandersetzen, das Ändern beizubringen oder zu ändern, die internen Teams und die externen auch, die sollten sich das Vergangene genauer anschauen. Und nicht nur wegen der Katastrophen, sondern auch, um das zu finden, was funktioniert.

Eine Veränderungsruinenschau ist keine Großveranstaltung. Aufmerksames Zuhören und das Verstehen der Vergangenheit finden in kleinen Runden statt; mit den Führungskräften, mit den Change-Erfahrenen. Die Offenlegung und das Durchsprechen alter Enttäuschungen und Fehler helfen der Organisation und dem Einzelnen, ein neues Bild zu entwickeln und eine neue Geschichte zuzulassen.

Welche Veränderungsprozesse waren für unsere Organisation bedeutsam?

- Welche Ziele hatten wir und welche dieser Ziele sind erreicht worden?
- Welche Gruppen in der Organisation haben den Prozess in welcher Weise erlebt?
- Welche Verlierer, welche Gewinner gab es?
- Wer erzählt welche Geschichten über den Prozess?
- Welche Konsequenzen wollen wir ziehen?

Der gemeinsame Spaziergang durch die Veränderungsruinen und die Moderation des gemeinsamen Gesprächs bei der Beantwortung der Fragen sind in dieser Beratungsphase die zentrale Arbeit. Durch die Auseinandersetzung mit der Veränderungsbiografie wird vieles verständlich und transparent – kurz gesagt. Die Ruinenspaziergänger erhalten eine Antwort auf die Frage: Wie ticken wir eigentlich? Was bedeutet das für unsere Veränderung?

METHODE: VERÄNDERUNGSRUINENSCHAU

Inhalte und Zielsetzung: Statt Themen und Stimmungen in Worte zu fassen, werden sie vorgespielt.

LERNKONZEPT: Workshop, Lernreise.

TEILNEHMER: 5 bis 20 Teilnehmer.

DAUER: 1,5 Stunden.

RESSOURCEN: Kreativität und Spontaneität.

ABLAUF: Die Gruppe wird in Kleingruppen aufgeteilt und diese bekommen die Aufgabe, ihre schlimmste/zweitschlimmste Erfahrung mit Veränderungen in der Organisation in Form eines Bühnenstückes vorzubereiten. Die Vorbereitungszeit beträgt 30 Minuten und es können alle Materialien vor Ort genutzt werden. Im Anschluss daran werden die Veränderungen auf der Bühne dargestellt. Der Berater lässt nach jeder Bühnenpräsenz das Publikum kurz erraten, was sie darstellen wollten. Kurze Diskussion und Applaus!

Erfahrungen prägen Erwartungen

VARIANTE: Nach den Vorstellungen kann der Berater das Publikum bitten, abzustimmen (je lauter der Applaus, desto besser), wie es das Stück empfunden hat, bezogen auf:

- Originalität
- psychologische Wahrheit
- Mut

ANMERKUNG ZUR WIRKUNGSWEISE: Veränderungen zu gestalten und nicht nur darüber zu sprechen, lässt ein komplexeres Bild der Vergangenheit erscheinen. In spielerischen Darbietungen werden Themen sichtbar, die die Gruppenmitglieder so nicht benannt hätten. Ein Stück ist meist klüger als die Schauspieler.

PRAXISTIPP: Als Vorhang eignen sich zwei Metaplanwände, die vor jedem Bühnenstück zu beiden Seiten von zwei Menschen von der Bühne getragen werden. Ferner wird das Stück mit Namen oder Titel angekündigt.

Teil 3

Arbeitsfelder der Organisationsentwicklung

Für dieses Buch mussten wir eine Auswahl der Zugänge und Themen treffen, mit denen sich Organisationsentwickler beschäftigen. Wir haben uns daher auf diejenigen konzentriert, die aus unserer Sicht am bedeutsamsten sind.

Führung und Selbstführung

FÜHRUNG ALS GESCHENK

»LEADERSHIP IST NICHT, LEUTE DAZU ZU BRINGEN, DINGE ZU TUN, DIE SIE NICHT TUN WOLLEN, SONDERN LEUTE DAZU ZU BEFÄHIGEN, DINGE ZU LEISTEN, VON DENEN SIE NIEMALS GLAUBTEN, SIE ERZIELEN ZU KÖNNEN.« (PETER DRUCKER)

Führung ist ein komplexes Geschehen, das zunächst einfach aussieht, weil vordergründig die Rollen der Spieler klar verteilt scheinen. Wo über Führung gesprochen oder geschrieben wird, wird meist vereinfacht, manchmal aus Unwissen, oft weil das zahlende Publikum es so wünscht. Auch für Erklärungsmodelle in Bezug auf Führung gilt: Wenn sie richtig sind, sind sie zu kompliziert, wenn sie einfach sind, sind sie falsch.

Die beliebteste Form der Vereinfachung ist die Reduktion der Beeinflussbarkeit von Führung auf den Führer selbst. Die Psychologie nennt das den »Eigenschaftsansatz«. In den meisten Unternehmen hält sich die Überzeugung, Profile oder Kompetenzen von Führungskräften seien verantwortlich für den Führungserfolg. Auch wir selbst ertappen uns häufig dabei, dass wir Erfolge oder Probleme von Teams, Abteilungen oder Bereichen den Qualitäten ihrer jeweiligen Führungskraft zuschreiben. Wir arbeiten seit vielen Jahren in unterschiedlichen Kontexten in der Führungsbildung und wundern uns noch immer, dass die Realität eher der Logik des Betrachters folgt, als sich selbst treu zu bleiben.

Versuchen wir, einen Bereich der Führungsarbeit oder Führungskompetenz zu verstehen, so gelingt das auch. Wir finden stets genügend Ursachen für Wirkungen und passende Ansätze für Lernen und Veränderungen. Betrachten wir das Ganze und seine zahlreichen

Einflussgrößen, rückt die Führungsarbeit Einzelner tatsächlich in den Hintergrund. Solange uns die Realität so uneindeutig erscheint, leisten wir uns selbst den Luxus, kein abschließendes Urteil zu fällen, was nun richtig sei: die Arbeit mit dem Ganzen oder der Blick auf das Individuelle?

DAS NICHT-FÜHRUNGS-PHÄNOMEN: Führung! Das ist wohl üblicherweise die Antwort auf die meisten Fragen nach den Ursachen von Miseren in Unternehmen. Vermutlich deshalb, weil die Zielgruppe, die schuld ist, so gut identifiziert werden kann – und es dann richten soll. Einschlägige Programme, um die Führung zu verbessern, lassen sich recht zügig starten. Wenn aber Zentralen und Regionen, Berater, Change-Manager, Coaches, die oben und die unten und zudem die Kollegen den Führungskräften Feedback geben und von ihnen erwarten, dass sie alles kollegial besprechen, schulen und qualifizieren, beraten und entwickeln und dann entsprechend der Work-Life-Balance auch noch zum Burnout-Vorbeugeseminar mit Resilienzgarantie gehen sollen, dann sind Führungskräfte vor allem eins: Sie sind nicht da. Und wenn FAZ-Net (11.08.2014), das eine Unternehmensberatung zitiert, nicht schwindelt, dann erhalten Manager bis zu 30 000 E-Mails im Jahr …

Wo aber keiner mehr Zeit für Führung hat und viele nicht mehr wissen, wie es geht, weil sie selbst nicht mehr geführt werden; und wenn keiner Lust darauf hat, sich führen zu lassen, wird es schwierig.

PROJEKTIONSFLÄCHE CHEF: Wenden wir uns nun einmal ab vom Blickwinkel der Führungspersonen hin zur anderen Seite: der Seite der Geführten. Im welchem Licht erscheint die Führungskraft von der Warte der Mitarbeiter aus?

Nun, Chefs sind beliebt. Beliebt als Projektionsfläche. Sie werden hingenommen wie Wetter und sind ähnlich beliebt als Gegenstand von Tratsch und Jammerrunden. Jeder zehnte Chef wird als Ekelpaket beschrieben. Laut Gallup-Engagement-Index-Umfragen heißt es: »Fast jeder fünfte Mitarbeiter (18 Prozent) hat in den vergangenen zwölf Monaten wegen seines direkten Vorgesetzten daran gedacht zu kündigen« (Pressemitteilung vom 22.03.2017).

Solche Umfragen sind zwar vor allem Medienstrohfeuer, spiegeln jedoch durchaus Stimmungen wider. Der Führung mangelnde Fähigkeiten zuzuschreiben, ist ein beliebtes Erklärungsmuster für fast jedes Problem. Führungskräfte leiden an Überforderungen, das zeigen die Zahlen: Sie sind anfällig für psychische Erkrankungen und zahlen einen hohen Preis. Jemand sagte einmal: »Wer Karriere macht, hat keine Biografie.« Um eine Fußballmetapher zu bemühen: Die Schuld hat immer zuerst der Trainer. Nicht weil es so ist, sondern weil die Konsequenzen überschaubar bleiben.

Maßnahmenfreundlich wird in Unternehmen Komplexität da reduziert, wo Führung als One-Man-Show missverstanden wird, damit bei festgestelltem Führungsdefizit Seminare Abhilfe von der Ratlosigkeit schaffen können. Personalentwickler, die sich in hippen systemischen Fortbildungen im Netz der Interdependenz verstricken, schwenken dann wieder auf kommode Big-Man-Theorien aus den 1950er-Jahren ein. Führung wird – obwohl Produkt zahlreicher Multiplikanden – als Primzahl gehandelt.

Aber: Führung kann nur in der Interdependenz verstanden werden. Führung ist Kommunikation der besonderen Art, in der der eine möglicherweise denkt, er habe etwas zu sagen, und der andere vielleicht vermutet, er habe das zu tun. Würde die genannte Fußballmetapher passen, wäre Führung nicht die Intervention des Trainers am Spielfeldrand, sondern vielmehr der Ball, der von vielen getreten wird …

FÜHRUNG WEISS NICHT MEHR ALLES: Das hierarchisch-pyramidale Führungsprinzip war erfolgreich, solange eine Bedingung gegeben war: Die jeweilige Spitze musste sich auskennen. Industrielle Arbeitsteilung war eine koordinierte Gliederung von Arbeitsschritten mit einem ganz oben, der wusste, wie alles zusammengehört. Es gab ein gesamthaftes Bild und die Basis hatte die Freiheit, sich nicht darum kümmern zu müssen. Diese Art von Führung benötigte kein Leadership, nur ein Bild des gesamten Puzzles. In der heutigen Unübersichtlichkeit weiß Führung nicht mehr alles und kann es auch nicht. Denn die oberen Führungsetagen sind ebenfalls nur Spezialabteilungen für das Ganze. Wer aber nicht mehr weiß als die, denen er vorgesetzt wurde, dem bleibt nur eine Aufgabe: zu Leistung zu motivieren, ohne genau zu wissen, worin diese eigentlich besteht. Es gibt Zielvorgaben, aber keine konkreten Handlungsanweisungen mehr. Es gibt Appelle an die Eigeninitiative, ohne Klarheit darüber, worin die bestehen könnte und Ermutigung zur Verantwortungsübernahme, auch wenn schon alle Verantwortung an die Prozesse abgegeben wurde.

Armin Nassehi vertritt die These, Führung sei heutzutage eine Illusion: »Die Hierarchie von heute rechnet mit Menschen und Kommunikationsformen, die die Logik des Handelns nicht aus der Hand geben, mit Menschen, die wollen, was sie sollen. Zu wollen, was man soll, setzt allerdings Hierarchien voraus, die das Sollen symbolisieren, zumindest inszenieren – auch wenn sie oft genug nicht einmal wissen, was es ist. Deshalb meinen wir, dass das Führen eine Illusion ist, eine notwendige Illusion freilich. Und es ist kein Wunder, wenn beim Versuch, das Illusionäre dieser Notwendigkeit zu verdecken, die Charismatierung von Führung und die merkwürdigen Inszenierungen von Führenden bisweilen ins Lächerliche geraten« (Nassehi 2011, S. 115 ff.). – Folgen wir Nassehi, so wird Führung zur Aufführung.

AUFGABEN VON FÜHRUNG: Organisationen sind Arbeitsaufteilungsaggregate. Arbeitsteilung kennzeichnet Organisationen und scheint einer ihrer Erfolgsfaktoren. Erfolg bedeutet gemeinhin hohe Effizienz bei minimalem Aufwand. Wenn nicht alle alles können müssen, sondern sich spezialisieren (reduzieren) dürfen, reduziert das die Komplexität. Gleichzeitig haben nicht mehr alle alles im Blick. Organisationen können auch als die Summe ihrer Fraktale beschrieben werden. Die Fraktale bilden Subsysteme mit eigenen Zielen, eigenen Kulturen, eigenen Abgrenzungen und so weiter. Führung ist ein Fraktal in der arbeitsteiligen Organisation.

Reden wir von Führung in Organisationen, meinen wir gleichzeitig das Management. In der Regel fallen die Funktionen »Menschen führen« und »Entscheidungen fällen« zusammen. Entscheidungen in Organisationen betreffen manchmal langfristige Ausrichtungen, manchmal nur Alltagsfragen:

- Wozu sind wir da?
- Wo wollen wir hin?
- Welches Personal stellen wir ein?
- Wie innovativ sind wir?
- Welche Ziele haben wir? Sind wir wirklich noch auf dem richtigen Weg?
- Wer übernimmt in unklaren Situationen welche Aufgabe?

Die Funktion von Entscheidungen in Organisationen durch einzelne Führungspersonen liegt vor allem in der Reduktion der Komplexität, indem eine gewisse Klarheit geschaffen wird. Dann sind die Prozesse fixierte Entscheidungen, also Handlungsanweisungen im Sinne von Wenn-dann-Beschreibungen. Sie entbinden die Ausführenden (eigentlich) von der Notwendigkeit, selbst Entscheidungen zu treffen. Problematisch für die Prozesse sind bisweilen die Realitätseinschätzung der Beteiligten oder die Realität selbst. Prozesse passen so, wie sie gedacht waren, einfach nicht in die Wirklichkeiten, die sie vorfinden.

Der andere Teil der Führungsaufgabe (und normalerweise nur theoretisch losgelöst von der Aufgabe Management) ist die direkte Einflussnahme auf die Menschen, die in der Organisation arbeiten. Dabei geht es im weitesten Sinne um Gespräche über das Verhältnis von Person und Arbeit. Dies dient unter anderem auch der Selbstvergewisserung.

- Ziel: Was soll ich machen?
- Kontrolle: Mache ich es richtig?
- Anerkennung: Mache ich es gut?
- Qualität: Kann ich es besser machen?
- Können: Wie soll ich es machen?
- Zusammenarbeit: Wie können wir es gemeinsam schaffen?

WIE KANN DIE FÜHRUNGSKULTUR ENTWICKELT WERDEN?

Als Berater hat man immer damit zu tun, über Führungsstile in Organisationen zu sprechen und über die Partizipation der Mitarbeiter nachzusinnen. Vielleicht ist es ein Zyklus, der sich in Organisationen wiederholt: von direktiver Führung zu einem partizipativen Stil und wieder zurück. Die direktive Führung war und ist in vielen Organisationen verbreitet, die Hintergründe für ihr Bestehen sind sehr unterschiedlich. Ist eine Organisation bestrebt, ihre Mitarbeiter in alles einzubinden, so fehlt häufig das Vertrauen in das richtige Tun der Mitarbeiter – und in etlichen Fällen durchaus zu Recht. Wo Vertrauen versagt, da stehen Standards in den Startlöchern und sollen umgesetzt werden – mit Kontrolle und Überprüfung. Anders gesagt: Der Führungsstil ist eine Reaktion auf vorherige Erfahrungen und somit ein »normaler« Entwicklungsschritt. Jede Einführung eines anderen Führungsstils benötigt die passende Art der Beratung. Meist passen die »weichen« Prozessberater, wenn es um mehr Partizipation der Mitarbeiter geht, um mehr Einbeziehung und mehr Einmischung. Die Einführung eines direktiven Führungsstils benötigt weniger Prozessberater, sondern eher andere Menschen (ein Beispiel bietet die Terry-Tate-Therapie: http://www.youtube.com/watch?v=RzToNo7A-94).

Wenn die Welle des Führungsstils wieder in Richtung Partizipation der Mitarbeiter schwappt, dann werden Prozessberater benötigt, die auf den verschiedenen Führungsebenen unterstützen – dies tun sie meist durch Dialog. Der Dialog braucht einen gewissen Zeitraum, um sich zu entfalten.

Führen von Veränderung heißt Veränderung von Führung. Der Wunsch nach weniger Hierarchie und mehr Mitbestimmung war noch nie so groß wie heute. Unterschiedlich stark sollen Mitarbeiter in der Organisation mitbestimmen und mitentscheiden: Nicht jeder kann ohne Hierarchie und manche nicht mit …

WAS GILT ES BEI DER EINFÜHRUNG EINER SELBSTFÜHRUNGS-KULTUR ZU BEACHTEN?

In Organisationen gibt es immer mehr Anlässe, zu denen hierarchische Weisungsbefugnisse nicht mehr genutzt werden. Stattdessen wird zunehmend folgender Anspruch gelebt: Führung ist zu wichtig und sollte (deshalb) nicht nur den Führungskräften überlassen bleiben (die sowieso keine Zeit dafür haben). Der Schwerpunkt verschiebt sich. Führen beinhaltet: entscheiden, entwickeln, erklären, coachen, kontrollieren, inspirieren, koordinieren, reflektieren, Freiräume schaffen, motivieren – das muss nicht von einem allein übernommen werden. Wer dabei aufs Ganze schaut, der führt. Wer verändert, hat das Ganze im Blick. Weil alle alles betrifft, werden alle angesprochen.

Wir sind meistens Gefangene des Gewohnten: Zahlreiche Dinge (zum Beispiel iPhone, Harry-Potter-Geschichten, Computer) wären uns nie in den Sinn gekommen, bevor wir sie zum ersten Mal gesehen haben. Genauso ist es bei Unternehmen: Was wird über ein Unternehmen gedacht,

- das nicht »einen« Chef hat?
- in dem die Mitarbeiter Zuständigkeiten untereinander aushandeln?
- in dem jeder das Geld des Unternehmens ausgeben darf?

- in dem jeder Einzelne dafür verantwortlich ist, die für seine Arbeit nötigen Werkzeuge selbst zu beschaffen?
- in dem es keine Titel oder Beförderungen gibt?
- in dem Entscheidungen über die Bezahlung im Kollegenkreis getroffen werden?

Zugegeben: Ein besonderer Geist der Führung ist zu spüren! Es gibt sie schon. Managementfreie Organisationen sind in der Welt vereinzelt zu finden. Über sie wird viel geschrieben, worin das Gedankengut der Selbstorganisation in den Vordergrund tritt. Aber: Wir können es uns nicht vorstellen – so, wie ein Fisch sich keine Welt vorstellen kann, die aus etwas anderem als Wasser besteht, können viele nicht nachvollziehen, dass Managementpraktiken funktionieren könnten, die sich außerhalb unseres Erfahrungshorizonts bewegen. Hierarchie gibt vielen ein Gefühl der Sicherheit: Wir haben uns an sie gewöhnt. Wir sind Gefangene des Gewohnten …

Nicht ganz so weit über das Gewohnte hinaus muss man denken, wenn man das Element der Selbstführung als Führungskonzept betrachtet: Das Konzept Selbstführung ist eine Antwort auf die zunehmende Verstreutheit von Arbeitsgruppen, die mangelnde Priorisierung der Mitarbeitersteuerung durch Führungskräfte und die angestrebte Fortentwicklung emanzipatorischer Konzepte in der Gesellschaft. Ferner ist die Außenwelt der Organisationen komplexer geworden, aber einer schwerfälligen Hierarchie gelingt flexibles und schnelles Denken und Handeln eher weniger.

LITERATURTIPP

»Das kollegial geführte Unternehmen« (2016) von Bernd Oestereich und Claudia Schröder gibt einen wunderbaren Einblick in die Welt der Veränderung einer Organisation. Anhand vieler Schaubilder weist es den Weg hin zur Entwicklung in eine agile Organisation.

Geführte Selbstführung

Was passiert, wenn Führung Selbstführung wird? Unsicherheit und Redundanz (Ineffektivität) sind das, was entsteht, wenn Führung wegfällt. 80 Prozent aller Beteiligten sollten mit der Neuverteilung der Führungsrollen einverstanden sein. Alle Führungskräfte müssen es wollen. Neuverteilung von Führungsaufgaben bedeutet auch eine Neuverteilung der Gratifikation. Das Projekt Neuverteilung kann als Experiment beschrieben werden, muss aber so langfristig angelegt sein, dass Krisen möglich sind. Vielleicht ist die Deklaration als Kunstprojekt sinnvoll. Das Experiment sollte auf mindestens fünf Jahre angelegt sein.

Die Neuverteilung der Führung soll als sequenzieller Prozess beschrieben und umgesetzt werden. Er sollte sich nicht nach einer Chronologie, sondern an der Reife der Gremien und der Organisation orientieren. Regeln übernehmen eine Führungsfunktion, helfen beim Wie und geben die Grundausrichtung vor. Sie sind Prozessbeschleuniger bei Entscheidungen.

Im herkömmlichen hierarchischen Führungsverständnis verteilt sich die Führungsarbeit auf zwei Rollenträger:

- Einer ist Subjekt, führt aktiv und versteht sich als Führender.
- Der andere lässt sich als Mitarbeiter führen und versteht sich als Objekt der Führung.

Im teambezogenen Führungsmodell wird das Team zum Ersatzaggregat für die Führungsinstanz und erarbeitet konsensorientiert Ziele und Entscheidungen. Dabei übernimmt das Team die Führung und verschiebt die Verantwortung aufs Kollektiv. Das Subjekt-Objekt-Verhältnis in der Führung bleibt erhalten.

Der Prozess zur Selbststeuerung verfolgt dagegen einen anderen Ansatz. Basis ist dabei ein personzentrierter Entwicklungsweg. Im Zentrum steht das Konzept der Selbstführung, verbunden mit der Verpflichtung, sich an den vereinbarten Prinzipien zu orientieren. Dabei liegt das Commitment jedoch stärker auf der Begrenzung – was soll nicht getan werden? – als auf einer engen Zielfokussierung.

FORMATE UND METHODEN FÜR INTERVENTIONEN

Es folgen nun mehrere Formate beziehungsweise Methoden für Interventionen, die wir für Organisationsentwickler zusammengestellt haben. Auf drei Ebenen wird aufeinander aufbauend gearbeitet.

- ERSTE EBENE: MIT FÜHRUNGSKRÄFTEN ARBEITEN
  - *klassisch*: Führungsfeedback – Führung geht jeden etwas an
  - *fundamental*: Führungsfokus – Alle sind an allem schuld
- ZWEITE EBENE: MIT MITARBEITERN UND FÜHRUNGSKRÄFTEN ZUM THEMA SELBSTFÜHRUNG ARBEITEN
  - *radikal*: Selbststeuerung – die Kunst, sich selbst zu führen
  - *kollegial*: Arbeiten in Zirkeln

- DRITTE EBENE: Mit Teams arbeiten
  - *agil:* motivierte Teams – Hilfestellungen für das Management

ERSTE EBENE: MIT FÜHRUNGSKRÄFTEN ARBEITEN

METHODE: FÜHRUNGSFEEDBACK

KURZBESCHREIBUNG: Interviews, Teamgespräch, Coaching der Führungskräfte.

Inhalte und Zielsetzung: Führungskraft und Mitarbeiter treten in den Dialog. Führen und Geführt-Werden werden gemeinsam erörtert: Mitarbeiter und Führungskräfte besprechen, wie Führung aussehen soll. Ein Grundsatz für diesen Dialog ist: »Wir sind hierarchisch strukturiert, aber unsere Beziehung ist es nicht.«

Ein klassischer Weg für Berater ist, im Vorfeld Interviews mit unterschiedlichen Teammitgliedern zu führen. Die Aussagen werden im Nachhinein anonymisiert, indem der Berater Thesen dazu bildet. Im weiteren Prozess finden Workshops statt, in denen die Ergebnisse der Interviews besprochen und weitere konkrete Handlungsschritte festgelegt werden.

LERNKONZEPT: Führungsbildung.

TEILNEHMER: Möglichst alle betroffenen Führungskräfte und Mitarbeiter.

DAUER: ein bis zwei Monate.

ABLAUF:

- Vorgespräch mit der Führungskraft (Welche Themen möchte sie besprechen? Welches Feedback möchte sie haben? …)
- Mitarbeiter interviewen

- Durchführung eines Workshops: Moderation des Teamgesprächs zwischen Führungskraft und Mitarbeitern
- Nachgespräch mit der Führungskraft hinsichtlich Interpretation und Umsetzung der Ergebnisse

PRAXISTIPPS:

- Im Vorgespräch wird mit jeder einzelnen Führungskraft abgeklärt, wann und mit welchen Teilnehmern der Führungsdialog stattfinden wird. Die Motivation für die Durchführung des Führungsdialogs wird von der Führungskraft erläutert. Ziele und Ablauf werden vorgestellt, ebenso der Berater.
- Das Teamgespräch ist das Herzstück des Führungsfeedbacks: Die Thesen stellt der Berater vor – die Ergebnisse sollen das Gespräch anregen, können aber auch lediglich als Grundlage dienen. Zu klären ist: Welche Themen will die Führungskraft bearbeiten? Kleingruppen stellen der Führungskraft ihre Ergebnisse vor, klären Verständnisfragen. Nach der Diskussion werden konkrete Maßnahmen vereinbart.
- Fragen für den Workshop:
  - Was fanden Sie gut? Was soll die Führungskraft weiterhin so fortführen?
  - Was fanden Sie nicht überzeugend? Was soll die Führungskraft nicht so fortführen? Was soll die Führungskraft stattdessen tun? Was soll die Führungskraft neu einführen?
  - Wo wünschen Sie sich eine Erklärung? Was haben Sie nicht verstanden?
  - Und anschließend die Frage an das Team: Was kann Ihr Beitrag sein, um eine Verbesserung zu erreichen? Was können Sie dafür tun, dass die Führungskraft sich verändert?

VARIANTE: Der Führungsdialog kann auch mit einem Fragebogen, den alle Teammitglieder ausfüllen, anstatt mit Interviews durchgeführt werden (Ablauf im Detail s. Reineck/Anderl 2015, S. 137).

METHODE: FÜHRUNGSFOKUS

KURZBESCHREIBUNG: Führungskräfte verschiedener Ebenen sprechen miteinander über Führung beziehungsweise Selbstführung.

INHALTE UND ZIELSETZUNG: Der Fokus – wie der Name verrät – liegt auf Führungskultur und Führungspraxis. Alle Führungskräfte aus drei vertikal miteinander verbundenen Hierarchieebenen in einem Bereich, einer Abteilung oder einem Projekt setzen sich mit dem Inhalt ihres Führungsauftrags und der Ausgestaltung ihrer Führungsaufgaben auseinander und reflektieren gemeinsam über andere, neue, bessere Möglichkeiten, Formen und Vorgehensweisen im Zusammenspiel zwischen Führen und Geführt-Werden.

LERNKONZEPT: Workshop.

TEILNEHMER: Möglichst alle betroffenen Führungskräfte und Mitarbeiter.

DAUER: 1,5 Tage.

ABLAUF: Der Workshop dauert eineinhalb Tage. Das Miteinanderlernen innerhalb der Führungsmannschaft dient dem Zweck, Veränderungsziele in adäquates Führungsverhalten zu übersetzen und gemeinsam Vorgehensweisen für deren Erreichung zu vereinbaren. Die inhaltlichen Themen ergeben sich aus dem konkreten Führungskontext und den Beiträgen und Sichtweisen der Teilnehmer.

PRAXISTIPP: Folgende Fragen haben sich bewährt.

- Wie führen wir?
- Wie wollen wir führen?
- Wie werden wir geführt?
- Wie wollen wir geführt werden?

Diese beiden Formate führen zwar nicht zu mehr Heterarchie, jedoch kann Führung so zum Thema gemacht werden. Anders geht es im weiteren Verlauf dieses Kapitels weiter – hier wird Führung auf die Mitarbeiter verteilt.

ZWEITE EBENE: MIT MITARBEITERN UND FÜHRUNGSKRÄFTEN ZUM THEMA SELBSTFÜHRUNG ARBEITEN

METHODE: SELBSTFÜHRUNG

Wichtiges Instrument bei der Einführung ist die kollegiale Reflexion der Führungsarbeit. In regelmäßigen Lernrunden werden die Erfahrungen mit der Selbstführung besprochen und die notwendigen Lernschritte miteinander – mit oder ohne Unterstützung – gegangen.

INSTRUMENTE DER SELBSTFÜHRUNG

Der Weg zur Selbstführung einer Organisation geschieht in individuellen Vorgehensweisen. Es kann keine pauschale Lösung geben, denn das Finden einer Arbeitsweise ist schon ein Teil der Lösung. Wir zeigen einige Eckpfeiler auf, die im Vorfeld selbstführend und selbstreflexiv geklärt werden müssen:

- ENTSCHEIDUNG UND EINSCHÄTZUNG: Am Anfang steht die Entscheidung einer Arbeitsgruppe und/oder Führungskraft, ob das Selbstführungskonzept in die Zukunft weist. Ob eine Organisation reif für den Weg ist, lässt sich pauschal kaum beantworten. Richtungweisend sind die Reflexionsfähigkeit und Kommunikationswilligkeit einer Gruppe – ein System muss sich dabei beobachten lassen.
- DIE GRUPPE: Die Gruppe wird befähigt beziehungsweise befähigt sich in kleinen Organisationen selbst, Führung anders »zu machen«. Regeln werden erarbeitet und dabei zuallererst Treffen und Besprechungen vereinbart. Gegenseitige Unterstützung und

Begleitung sind die Basis. Besprechungsgrundlagen sind: Wie können die gesteckten Ziele erreicht werden (Arbeitsebene)? Wie lässt sich an Stärken und Motivationen (weiter)arbeiten? Wie gelingt es, mit den festgelegten Regeln zurechtzukommen (Verhaltensebene)? Das alles erfordert ein permanentes Mitarbeitergespräch in der Gruppe und ersetzt das Mitarbeitergespräch im klassischen Sinne.

- REGELN: Zentral sind die Regeln – gemeint ist das »Wie« der (Zusammen-)Arbeit. Regeln bilden den Rahmen, klare Grenzen definieren Verbote und Leitlinien verhelfen zur Orientierung. Die Regeln geben auch Orientierung und zeigen das Ziel für die individuelle Entwicklung. Sie sind Wegweiser auf dem Weg, den Bereich und sich selbst zu steuern. Regeln, die sich nicht bewähren, werden infrage gestellt. Daher gelten die Grundsätze: Halte dich an die Regeln. Wenn du dich nicht an die Regeln halten kannst, rede darüber mit den anderen. Bei Unsicherheit befrage dein Gremium. Mache nichts Böses. Der Kunde steht an erster Stelle. Sei sparsam, aber achte auf Qualität, sprich Fehler offen an.
- KOMMUNIKATION: Das Selbstführungsmodell lebt durch eine gelebte Feedback- und Besuchskultur. Stärken und Schwächen werden besprochen – auch Externe, wie beispielsweise Kunden, werden in den Prozess mit eingebunden. Dafür sind Qualitäten wie Zutrauen und Vertrauen nötig, die gute Kommunikation überhaupt erst ermöglichen.
- WISSEN, WORAUF ES ANKOMMT: Galt vormals für Führungskräfte: »Alles unter Kontrolle«, so heißt es jetzt: »Alle wissen Bescheid«. Um dies zu erreichen, werden gute Instrumentarien benötigt, um sicherzustellen, dass alle wissen, worauf es aktuell ankommt, damit Entscheidungen und Handlungen zusammenpassen. Selbstführung benötigt und ermöglicht das Wissen, auf das es ankommt. Und den Mut, es darauf ankommen zu lassen.

METHODE: SELBSTFÜHRUNG DURCH ARBEIT IN ZIRKELN

INHALT UND ZIELSETZUNG: Selbststeuerung in einer Organisation erreichen, indem jeder sein eigenes Ziel setzt (bezogen auf die Organisation oder sich selbst). Diese Art des Arbeitens bringt jeden einzelnen Mitarbeiter dazu, sein berufliches Ziel kontinuierlich weiterzuverfolgen – sich selbst verantwortlich für das Ziel zu fühlen und damit ein Puzzlestück zu einer selbststeuernden Organisation zu werden.

LERNKONZEPT: Cliquenlernen.

TEILNEHMER: Kleingruppe bis zu sechs Teilnehmern.

DAUER: mindestens zwölf Wochen.

RESSOURCEN: Wöchentlich erfolgt eine Stunde Austausch.

ABLAUF: Eine kleine Gruppe findet sich zusammen und jeder hat sein Ziel, das er – mit einer einfachen Struktur – zu erreichen versucht. Dabei sind alle Gruppenmitglieder Begleiter und Berater für die gesetzten Ziele. Ein Zirkel dauert mindestens zwölf Wochen und wird begleitet durch Fragen und Aufgaben. John Stepper hat eine hilfreiche Form gefunden, eine solche Gruppe mit verschiedenen Fragen und Aufgaben zu begleiten. »Working out loud« heißt diese Form der Zusammenarbeit, die sehr strukturiert ist, jedoch jedem den Freiraum lässt, sein Ziel zu erreichen. Im Organisationskontext bedeutet dies, jeder Mitarbeiter denkt sich ein Ziel aus – bezogen auf seine Arbeit – und arbeitet mit mehreren anderen daran. Alles zielt darauf,

- »deine Arbeit sichtbar zu machen« (Ziele, Ergebnisse und Zwischenergebnisse verdeutlichen),
- »deine Arbeit zu verbessern« (Reflexion und Feedback der anderen nutzen),

- »großzügige Beiträge zu leisten« (Hilfe anbieten anstatt eigene Ideen darzustellen),
- »ein soziales Netzwerk aufzubauen« (bewusst Netzwerk darstellen und kontinuierlich erweitern; Beziehungen aufbauen) und
- »Eigenständigkeit zu fördern« (einen offenen Ansatz zu mehr Verantwortung in der Arbeit und im Leben entwickeln).

BEISPIELE FÜR SOLCHE AUFGABEN:

- Beziehungsliste: Wer könnte mir helfen, mit Informationen, Anregungen, Unterstützung, Beratung, Vorbild zu sein …
- Kompetenzanalyse: Was zeichnet mich aus, was kann ich, was mache ich gern, was sind meine Hobbys, wo liegen meine Stärken und so weiter?
- Vernetzung mit Gruppen und Menschen in den sozialen Medien: dabei Komplimente machen, Feedback geben und andere weiter vernetzen.
- Ziel beschreiben: das Ziel malen oder etwas dazu schreiben.

ANMERKUNG ZUR WIRKUNGSWEISE: Der Anreiz dieses Ansatzes ist die Idee der Veränderung im Kleinen – bei jedem selbst. Ferner entsteht im Zirkel eine besondere Verbundenheit und Erweiterung der eigenen Blickwinkel bis hin zu einem positiven Druck (bis zum nächsten Mal muss ich ja etwas sagen).

PRAXISTIPP: Besonders geeignet ist diese Methode für virtuelles Zusammenarbeiten. Gut ist auch, wenn die Teilnehmer ansonsten nicht zusammenarbeiten. Benötigt wird ein Moderator, der durch die Fragen führt. Möglich wäre, zudem eigene Fragen zu entwickeln. Das empfiehlt sich sogar, wenn eine ganze Organisation dazu arbeiten sollte. An dieser Stelle verweisen wir auf die zahlreichen Internetseiten zum Thema »Working out loud«.

DRITTE EBENE: MIT TEAMS ARBEITEN

Es gibt viele Möglichkeiten, Mitarbeitern mehr Freiraum und Entscheidungskompetenz zu geben, sodass mehr Selbstverantwortung in der Arbeit möglich wird. Dabei helfen weniger Prinzipien oder Leitlinien, wichtiger ist eine gelebte Praxis mit konkreten Anreizen. Dazu passt die folgende agile Methode:

METHODE: DELEGATIONSBOARD

KURZBESCHREIBUNG: Transparenz in Entscheidungen, Lenkung eines selbstorganisierten Teams.

INHALTE UND ZIELSETZUNG: Verteilte Kontrolle ist weniger anfällig für Ausfälle und Fehler. Die Einführung eines Delegationsboards hilft in der Kommunikation zwischen Führungskraft und Mitarbeiter, aber auch innerhalb der Mitarbeitergruppe. Alle Themen können hier mit in die Entscheidungsfindung aufgenommen werden, wie zum Beispiel Gehalt, Arbeitsumgebung, Projektbudget, Akquise, Moderation der Meetings, Projektsteuerung.

VERSCHIEDENE LEVELS DER DELEGATION		
LEVEL	NAME	WIE FÄLLT DIE ENTSCHEIDUNG?
1	Tell	Der Manager trifft die Entscheidung allein.
2	Sell	Der Manager trifft die Entscheidung und versucht danach, das Team zu überzeugen.
3	Consult	Der Manager holt weitere Meinungen ein und trifft dann die Entscheidung.
4	Agree	Die Entscheidung wird gemeinsam getroffen.
5	Advise	Das Team trifft die Entscheidung, man gibt als Manager seine Meinung ab.
6	Inquire	Das Team trifft die Entscheidung und teilt diese dem Manager mit.
7	Delegate	Das Team trifft die Entscheidung, ohne den Manager explizit zu informieren.

LERNKONZEPT: Einführung im Workshop; in der täglichen Arbeit.

TEILNEHMER: Führungskräfte und Mitarbeiter.

DAUER: 0,5 bis 1 Tag für Workshop; immer.

ABLAUF:

- Die Führungskraft verschafft sich einen Überblick über die zu treffenden Entscheidungen.
- Im Workshop werden die Entscheidungsthemen vorgestellt und durch das Team ergänzt (Kleingruppenarbeit ohne Führungskraft).
- Alle Entscheidungsthemen werden an einer Metaplanwand gesammelt
- Karten mit den Delegationslevels werden verteilt: Jeder bekommt ein Kartenset bestehend aus den sieben Karten – sogenanntes »Delegation-Poker«. Möglich ist auch auf Karten die Delegationslevel aufzuschreiben (s. Jurgen Appelo, Management 3.0, https://management30.com/product/delegation-poker/).
- Pro Thema findet eine Abstimmung statt, jeder legt die Level-Karte verdeckt vor sich hin.
- Falls unterschiedliche Ergebnisse vorliegen, findet im Anschluss eine Diskussion statt.
- im Anschluss werden alle Entscheidungsthemen auf ein Board übertragen, das später im Arbeitsraum stehen sollte

PRAXISTIPPS: Gerade in Diskussionen können sich Gruppen verrennen und endlos diskutieren. Sollte ein Thema zu viel Zeit in Anspruch nehmen, kann Folgendes unternommen werden:

- Die Entscheidung wird auf später verschoben.
- Ein kurzes Blitzlicht auf der Metaebene wird über die Diskussion der Gruppe eingefordert (Was ist das Thema hinter dem Thema?).
- Die Führungskraft wird um ihre Meinung gebeten (die letzte Entscheidung über die Entscheidungsdelegation hat doch der Chef!).

Kommunikation und Konflikt

ORGANISATIONSENTWICKLER INTERVENIEREN IN GRUPPEN UND GREMIEN

Gruppen und Gremien sind die kleinsten sozialen Einheiten, aus denen Organisationen bestehen. In ihnen wirken Organisationsentwickler, indem sie die Kommunikation in den Gruppen verändern. Sie achten dabei auf das Wie der Kommunikation, in der Überzeugung, dass die Qualität der Ergebnisse einer Gruppe abhängig ist von der Qualität der Kommunikation.

In den verschiedensten Gruppen einer Organisation spiegelt sich stets das Ganze. Die Kultur des Ganzen wird im Kleinen sichtbar, denn sie besteht aus ihm. Der Organisationsentwickler nimmt Verhalten, Rituale, mentale Modelle, Gesten der Gruppe wahr. Er stellt der Gruppe seine Wahrnehmungen im Feedback zur Verfügung. Diese Feedbacks bilden oft den Anfang, um die weitere Entwicklung zu ermöglichen, indem sich die Gruppe von der Frage anstecken lässt: Warum tun wir das, was wir tun, eigentlich so? Was wollen wir beibehalten? Was verändern?

HALTUNG IST WICHTIGER ALS METHODEN. Für das Arbeiten in Gruppen wünschen sich Organisationsentwickler in der Regel neue Methoden, Übungen, Tricks und Spiele – in der Hoffnung: damit kommen sie weiter. Meist reicht eine Handvoll guter Methoden, die variiert werden. Welche das sind, liegt am individuellen Geschmack. Wichtiger ist die Haltung, das Selbstverständnis, mit der die Gruppe moderiert wird.

Das klassische Format, um Gruppen in Unternehmen zu begleiten, ist die Moderation. Dabei handelt es sich in der Regel um Techniken der Visualisierung, Problemanalyse, Ideenfindung und so weiter. Auch Organisationsentwickler moderieren Gruppen und verwenden dabei die klassischen Methoden.

Eine erweiterte und vertiefende Form ist die prozessorientierte Moderation, deren Prinzipien wir im Folgenden genauer darstellen. Sie ist eine Interventionsform, um auf die Organisation als Ganzes einzuwirken.

Öffnet sich eine Gruppe, dann verändert sie Interaktion und Emotion, Themen ändern sich, der Blick erweitert sich und neue Lösungen wachsen. Finden Gruppen und Gremien neue Lösungsmuster, entdecken verdeckte Beziehungsprobleme oder gehen Konflikte produktiv an, entsteht eine professionelle Kommunikation, die dem Gesamtsystem nutzt.

EINIGE PRINZIPIEN DER PROZESSORIENTIERTEN MODERATION

Dabei hilft die prozessorientierte Moderation. Sie blickt auf das Wie der Gruppe und bringt den Dialog über den Dialog – wo nötig – in den Fokus. Wir haben hier die entsprechenden Prinzipien zusammengefasst und benennen an einigen Stellen zusätzlich Praxistipps und Methoden.

NÄHE IN DER DISTANZ: Organisationsentwickler stellen in der jeweiligen Gruppe persönliche Beziehungen her. Sie kennen die Namen aller Gruppenteilnehmer, zeigen persönliches Interesse, sind neugierig. Sie zeigen Respekt vor der Geschichte der Einzelnen. Trotz dieser persönlichen Beziehung bleiben gleichzeitig fremd. Sie wundern sich, kultivieren unbedarftes Fragen. Den meisten in der Beratung Tätigen dürfte das Distanzhalten schwerer fallen, als Nähe herzustellen. Das Geschenk der Fremdheit ist aber die wichtigste Gabe des Organisationsentwicklers.

PRAXISTIPPS

- Zu Beginn eines Workshops helfen Methoden, eine Beziehung zum Berater, aber auch innerhalb der Gruppe aufzubauen. Manchmal ist es hilfreich, früh da zu sein und mit den Menschen Kaffee zu trinken.
- Wenn die Beziehung aufgebaut ist, stören Berater die Gruppe bisweilen in ihrem Zusammensein. Was zu Beginn so wichtig ist, wird im Laufe des Workshops unwichtiger. Daher versuchen wir, in den Pausen oder Abendstunden die Gruppe zu verlassen – eine Distanz aufzubauen. Der fremde Blick gelingt eher mit ein wenig Abstand.

ARBEITEN IM TANDEM: Bessere Chancen, Distanz zu halten, haben diejenigen, die nicht allein arbeiten. In den Pausen oder beim Mittagessen kann man sich separieren und über die Gruppe nachdenken. Kommunikation lässt sich am besten in Kommunikation reflektieren. Schon deshalb sind gemischte Teams aus internen und externen Organisationsentwicklern gut.

Organisationsentwicklung ist immer Hilfe zur Selbsthilfe. Für die Arbeit in komplexen Systemen oder bei längerem Arbeiten mit Gruppen hat es sich bewährt, Gefährtenschaften, also Bündnisse, zu bilden. Organisationsentwickler sind auf interne Gefährtenschaft angewiesen. Sie arbeiten in der Regel komplementär. Was Interne tun können, sollten sie dann ebenfalls machen. Interne Gefährten sind meist die internen Berater, Personaler oder Führungskräfte.

SELBSTREFLEXION DES ORGANISATIONSENTWICKLERS FÜHRT ZUR SELBSTREFLEXION DER GRUPPE. Entscheidende Informationen über den Zustand einer Gruppe erhält der Organisationsentwickler aus seinen eigenen Emotionen. In einer Introspektion betrachtet er seinen Gefühlszustand. Stimmungen und Gefühle beim Organisationsentwickler können beispielsweise sein: Langeweile, Angst, Ärger, fühlt sich bedroht, ist genervt und anderes mehr. Diese Gefühle haben in der Regel etwas mit der Situation der Gruppe zu tun. Die Analyse dieser Gefühle funktioniert meist besser im Gespräch mit Organisationsentwicklerkollegen.

Langeweile beim Organisationsentwickler ist vielfach ein Indiz dafür, dass die Gruppe Emotionen zurückhält. Zurückhaltungen haben in vielen Fällen mit verborgenen Konflikten oder Tabus zu tun. Gefühle interagieren in der Regel mit körperlichen Symptomen (bei denen, wie bei jeder Interaktion, nie ganz klar ist, wer den Anfang gemacht hat – das Gefühl oder der Körper). In Sekunden nehmen wir auf, worum es geht.

Verschiedene Erfahrungen haben wir an uns selbst beobachtet und bringen sie hier vorsichtig zu Papier:

- Manchmal treten Kopfschmerzen am ersten Abend auf. Uns ist aufgefallen, dass dieses Phänomen auch mit einer Informationsflut zusammenhängt und eher auf eine Vermeidung von Emotionen innerhalb der Gruppe deutet. Daran schließt sich die selbstreflektierende Frage an: Vermeidet die Gruppe etwas?
- Wenn man eine nervöse Anspannung bei sich selbst feststellt und eine besondere Hitze aufsteigt, dann kann das auch ein Indiz für Stress sein. Dann gilt es sich zu fragen: Übernehme ich gerade zu viel Verantwortung in der Gruppe? Lässt die Gruppe mich schwitzen?
- Besondere Aufmerksamkeit widmen wir unseren individuellen Aggressionen. Oft haben wir beobachtet, das eine komplementäre Reaktion beim Berater auftritt: Aggressionen bei einem selbst können auf eine deprimierte Verstimmung einzelner Teilnehmer oder auf eine insgesamt schwermütige Stimmung im Raum hindeuten.

PRAXISTIPPS

- Hilfreich ist es, Worte zu finden, um mit der Gruppe über das zu sprechen, worüber sie noch nicht spricht (mithilfe der Methode »Metaebene«).
- Um sich zu versichern, ob die eigenen Gefühle mit einem selbst oder mit der Gruppe zu haben, hilft es, ein kurzes Blitzlicht durchzuführen.
- Letztendlich braucht es den Mut, der Gruppe Fragen zu stellen und sich einzugestehen, dass bestimmte Gefühle nicht immer mit einem selbst zu tun haben. Wenn für die Gruppe die geäußerte Konfrontation oder Frage ganz unpassend erscheint, kann man als Berater noch ein wenig kämpfen, um am Schluss vielleicht doch loszulassen und anzumerken, dass es nur eine These war und weder richtig noch wahr sein muss.

STÖRUNGEN HABEN VORRANG! Prozessorientiertes Arbeiten in Gruppen bedeutet, mit der Emotionalität der Gruppe zu arbeiten. Und zwar möglichst dort, wo der Schuh drückt. Dabei kann die Agenda manchmal in den Hintergrund rücken. Störungen sind der Spalt zum Abseilen in die Tiefe der Gruppe. Störungen sind all das, was vom Thema ablenkt. Sie sind manchmal Symptome des Tieferliegenden, manchmal Ängste, oft Konflikte oder Kränkungen. Störungen mit Tiefgang zeigen sich vielfältig:

- freundliche, oberflächliche Zusammenarbeit
- fried-höfliche Gespräche ohne Positionierung
- Unzufriedenheit mit den vorgeschlagenen Methoden
- Desinteresse, Langeweile
- Seitengespräche
- Kreisen um Themenberge ohne Ergebnis
- mangelndes Zutrauen

Die Störung zu ignorieren ist der beliebteste Fehler, der häufig gemacht wird, wenn man befürchtet, sie nicht in den Griff zu bekommen. Störungen haben aber keine Griffe. Sie müssen benannt und als Möglichkeit verstanden werden, genau das herauszuarbeiten, wozu der Organisationsentwickler eigentlich gerufen wurde.

Entwickelte Arbeitsgruppen schaffen es durchaus allein, innezuhalten, den Arbeitsprozess und die Gruppensituation zu reflektieren, zu verändern und dann weiterzuarbeiten. Organisationsentwickler ermutigen und helfen bei diesen Reflexionen. Dabei werden Gruppen nicht von außen analysiert, sondern zur Aktionsforschung ermutigt: Organisationsentwickler bieten den Rahmen und die Methoden, sich als Gruppe selbst zu erforschen und erklären die Metaebene als Ort des Gesprächs über das Gespräch. Wenn sie reifen, greifen Gruppen das gern auf.

KLARTEXT REDEN: Organisationsentwickler verändern die Kommunikation, indem sie selbst zeigen, wie sie sein könnte. Sie sind Klartexter. Wagen Menschen in öden Kommunikationswüsten den bunten Konflikt und knackigen Widerspruch, verdienen sie alle Unterstützung und Wertschätzung durch den Organisationsentwickler (auch wenn es vielleicht erst einmal gegen ihn geht). Denn: Zeigen Menschen Emotion, bezeugen sie damit Engagement und Leidenschaft. Sie beziehen Position. Das ist wunderbar für die Bewegung in Gruppen.

KEINE VERANTWORTUNG FÜR DAS ERGEBNIS: Wer vorn steht, übernimmt die Leitung und hat zunächst die Verantwortung für das Gelingen der Veranstaltung. So sieht es aus. Bei Ungeübten bleibt sie da. Für immer! Die Frage, wer sich mehr engagiert, zeigt sich in Kleinigkeiten: Wer redet mehr? Wer achtet auf das Einhalten von Pausen? Wer versucht, die anderen ebenfalls zu motivieren? Wer soll das Ergebnis präsentieren? Wer schwitzt am meisten?

Gruppen drängen Prozessberater zu all dem, und Ungeübte nehmen es an, weil sie ihr Honorar rechtfertigen müssen.

Gruppen lieben es, in der Anonymität des Plenums (auch wenn es nur zwölf sind) unterzutauchen und da zu bleiben. Am liebsten für immer. Sie erwarten einen engagierten Moderator, der ihnen hilft, die Probleme zu lösen, die sie ohne ihn nicht einmal kennen würden. Eigentlich ist die Erwartung: Tu du es für uns … Ist er dann derjenige, der die Gruppe moderiert, aktiver als die Gruppe, haben sie ihr Ziel erreicht.

PRAXISTIPPS

- Berater brauchen immer wieder Mut und Entschlossenheit, um dieses Thema anzusprechen. Wir halten dann die »sachliche« Kommunikation an (»Freeze«) und offenbaren unsere Sorge beziehungsweise konfrontieren die Gruppe damit.
- Am besten Fragen stellen wie zum Beispiel »Wenn Sie sich zu 95 Prozent als Opfer der Umstände sehen, können wir uns dann jetzt mit den drei Prozent beschäftigen, an denen sie etwas verändern können? Zwei Prozent heben wir noch auf, bis Sie Ihren Wagemut gefunden haben.«
- Aus unserer Sicht ist es wichtig, sich am Schluss kein Feedback geben zu lassen: Es war die Leistung der Gruppe und nicht die Leistung des Moderators! Die Gruppe könnte selbst Smileys verteilen, um zu visualisieren, wie sie an diesem Tag war.

Ein besonderes Kapitel innerhalb des Themas Kommunikation verdient das Thema Konflikte. Es ist das am häufigsten nachgefragte Problem in Ausbildungen: »Was mache ich, wenn Konflikte auftauchen? Was soll ich tun, wenn die Menschen im Workshop nicht mitmachen? Wie kann ich sie positiv stimmen?«

VERSÖHNUNG MIT KONFLIKTEN

Organisationsentwickler lieben den Konflikt. Konflikte verändern. Wahrscheinlich gilt: ohne Konflikte keine Entwicklung. Jemand muss sagen: »Halt! So nicht (mehr)!« Und immer gibt es jemanden, der sagt: »Warum nicht? Weiter so!« – Ein solcher Dialoganfang wäre wünschenswert. Kommt aber selten vor. Häufig haben sich viele eingerichtet und verzichten auf unangenehme Spannungen zwischen dem Ist und dem Soll.

Personen und Organisationen haben ähnliche Strategien zur Spannungsvermeidung: Wird das *Ist* schöner geredet, als es ist, wird der Abstand zum *Soll* geringer. Regelmäßig also wird dann die rosarote Brille geputzt. Wird das *Soll* kleingeredet, wird man träge und zufrieden, allerlei Drogen für Menschen und Organisationen können helfen, das *Soll*, das manchmal für innere Unruhe sorgen könnte, zu minimieren.

Wären Konflikte offen, wären sie zunächst nur Verhandlungen über Unterschiede. Ohne diese Auseinandersetzung bleibt alles gleichermaßen gültig. Gruppen in Organisationen, die so etwas vermeiden, fühlen sich auch so an: langweilig, ermüdend, energielos. Alle halten die Deckel auf ihren Emotionstöpfchen und nichts dringt nach außen. Nichts Gutes und nichts Schlechtes. Unterschiede, die nicht verhandelt werden, rauben Energie. Es bedarf eines permanenten Krafteinsatzes, eine Soll-Ist-Spannung auszugleichen, die sich zeigen will. Der Unterdrückungskampf hinterlässt Spuren: Tabus, Zynismus und Lethargie.

Angst machen Konflikte, weil sie die Differenzen und die Unterschiede in den Vordergrund stellen, der Konsens aber ist der Ort des guten Gefühls. Verhandlungen über Unterschiede zu vermeiden, heißt stillstehen oder – positiv gesprochen – stabil bleiben. Das ist manchmal richtig, wenn eine Konzentration der Kräfte notwendig ist. Es ist allerdings sträflich, wenn das (böse) Außen die innere Stabilität garantieren soll.

OBEN STICHT UNTEN: HIERARCHIE VERMEIDET KONFLIKTE. Eigentlich sind Hierarchien Konfliktlösungsaggregate. In schwierigen Situationen übernimmt einer die Verantwortung, weil die anderen es nicht können (nicht sollen, nicht wollen, nicht dürfen). Am Ende dieser Aufzählung kommt in der Regel: »nicht trauen«. Angst macht Hierarchie.

Im Zweifel, in der Eile, in der Not und in der Sorge soll einer weiter oben bestimmen, was richtig ist. So ist man es von alters her gewohnt (und oft fehlt die Vorstellung, wie es anders sein könnte). Hierarchie bedeutet in der Regel aber nicht nur Übersicht und Entscheidungskompetenz, sie ist stets mit Macht verbunden. Kommt es zu Meinungsverschiedenheiten mit Mächtigen, ist meist mehr im Spiel als nur ein Unterschied zwischen zwei Meinungen: Hierarchie macht Angst.

Hierarchien wurden erfunden, um Konflikte zu vermeiden. Oben sticht Unten heißt das Prinzip. Dort, wo schnelle Entscheidung notwendig wird und die Komplexität überschaubar ist, ist sie die Königin aller Organisationsprinzipien. Es ist gut, wenn die Feuerwehr am Brandherd zunächst keinen hierarchiefreien Diskurs pflegt, sondern anfängt zu löschen.

Hierarchien folgen der Logik: Die Weisheit sitzt oben und das ist die Legitimation ihrer Macht. Deshalb wird Zweifel dort verborgen, mit der Zeit sogar vergessen. Der vertikale Konflikt erübrigt sich und ist tabu. Diejenigen, die dazwischen sitzen, wissen, das Oben zu pflegen und das Unten zu steuern. Sie fungieren als Filter für Realitäten: Sie pointieren das, was von oben kommt dort, wo es opportun erscheint, und selektieren das, was von unten nach oben durchkommt. Die Horizontale wird geregelt durch Ab-Teilung. Die Verantwortung ist aufgeteilt und endet an der Grenze des Abgeteilten. Alles andere ist verbotene Nichteinmischung. Der zugeteilte Bereich der Verantwortung braucht nicht das Individuelle, sondern das Konventionelle. Also Personen, die nicht überlegen, ob sie die richtigen Dinge tun, sondern darauf aus sind, die Dinge richtig zu tun. Geradlinigkeit und Schnelligkeit der Hierarchie haben ihren Preis: Nur wenige bestimmen, worum es geht, was wirklich und wichtig ist. Die Weisheit der Vielen fällt unten durch. In einfachen Kontexten oder Verteilermärkten reicht das aus. Nicht jedoch, wo die Welt komplizierter wird und Anpassung und Flexibilität überlebenswichtig sind. Wenn das Richtige und das Falsche nicht eindeutig sind oder sich beide ganz verborgen halten hinter postmoderner Wirklichkeiteninflation, wird der Dialog wichtig, der zum Ziel hat, die Komplexität des Außen innen abzubilden.

KONFLIKTE SIND UNTERSCHIEDSVERHANDLUNGEN: Ganz nach dem Zitat von Gilbert Keith Chesterton: »Die Leute streiten im Allgemeinen nur deshalb, weil sie nicht diskutieren können.« Konflikte sind emotionalisierte Verhandlungen von Unterschieden, manchmal leidenschaftliche Meinungsverschiedenheiten über den richtigen Weg. Es geht nicht um Intrige, Partikularinteressen, Machtspiele, gruppendynamische Ränke, egoistische Ziele, Konkurrenz … oder doch immer ein bisschen?

Wird nur divergent gedacht, so kann das anregend sein, aber ohne Konsequenz. Konflikte sind nur möglich zwischen voneinander abhängigen Personen, die miteinander etwas wollen müssen. Wer nicht aufeinander angewiesen ist, kann gehen und sein eigenes Ding machen. Konflikte haben nur die, die sich brauchen. Meist wird so gestritten, als gäbe es richtig und falsch. Wenn zwischen richtig und falsch entschieden werden kann, ist ein Streit überflüssig. Die wahren Fragen sind unentschieden und können nicht mit einfachen Antworten verdorben werden. Weil es die nicht gibt, darf gestritten werden. Und es kann auch keinen totalen Irrtum geben.

Wenn im Konflikt Unterschiede verhandelt werden sollen, muss der Unterschied klar sein. Meistens ist er das nicht. Die sachliche Differenz verbirgt sich manchmal hinter der gefühlvollen Aufgeregtheit, die aus dem Missverständnis wächst. In vielen Fällen benötigen die Streiter Hilfe, weil sie die Unterschiede nicht herausgearbeitet und nicht richtig zugehört haben. Danach verschwindet der Unterschied im befreienden Nichts. Wenn es doch einen gibt, dann ist eine Unterstützung beim Entwirren hilfreich: Was ist das Mittel und was ist das Ziel? Werden Ziel und Mittel verwechselt? Ist der Dissens beim Ziel (dann wird es schwieriger) oder nur beim Mittel (dann versuchen wir erst das eine und dann das andere)?

Streit entsteht, wenn zwei schon einen langen Weg gegangen und dann gelandet sind: bei ihrer Position. Wer wollte den Weg zurückgehen? Konflikte auflösen heißt oft: den Weg zurückverfolgen. Woher seid ihr gekommen? Welches Anliegen stand am Beginn des Weges? Welches Ziel? Bei der Recherche der langen Strecke finden sich meist gemeinsame Weggabelungen, bei denen beide verschiedene Richtungen gewählt haben, obwohl das Ziel noch das gleiche war. Beim Zurückgehen zu diesen Kreuzungen hilft Begleitung und manchmal auch ein wenig Anschub. Nichts ist schwerer als der Rückzug aus einer Position (wenn sie unhaltbar geworden ist sowieso), dabei macht es fremde Hilfe leichter.

EMOTIONEN

Emotionen machen alles kaputt, denken viele und wollen sie außen vor lassen; das macht sie sauer, und sie kommen dann durch die Hintertür – meist aufgebrachter als zuvor – zurück. Je cooler die Zeiten, desto fremder werden allen die Emotionen. Emotionen sind Exoten. In Männerwelten sowieso. Der Mann, der sich mit Zynismus über Wasser hält, schwimmt immer noch oben. Freude, Trauer, Sorge, Liebe, Hoffnung, Aggression und so weiter in Unternehmen zu zeigen, geht meistens nicht. Dadurch aber werden sie fremd und verbogen. Im Seminar werden sie von beflissenen Kommunikationstrainern wiederbelebt: aber nur die guten Gefühle. In der derzeitigen Modewelle von Wertschätzung und Achtsamkeitskulten geht so manche anständige Aggression einfach unter.

WAS KÖNNEN ORGANISATIONSENTWICKLER TUN?

Organisationsentwickler können beim Thema Kommunikation und Konflikte (natürlich) gestalten. – Wir haben hier drei Bereiche herausgestellt, die häufig nachgefragt werden und die wesentlich für das Handeln eines Organisationsentwicklers sind:

- Beziehungsaufbau: Anfänge gestalten in Gruppen
- Gestaltung von Beziehungen: Fragen stellen
- Versöhnung: Mit Konflikten umgehen

ERSTER BEREICH: BEZIEHUNGSAUFBAU: ANFÄNGE IN GRUPPEN GESTALTEN

PROJEKTION: Am Anfang ist die Projektion. Anfänge managen ist Projektionsmanagement. Projektion bedeutet, etwas von sich auf andere zu werfen. Diesen Moment des Anfangens anzuhalten und zu genießen, wäre ein schöner Anfang: »Schauen Sie sich um und nehmen Sie in sich auf, was Sie sehen. Wie sehen Sie die anderen Menschen? Wer fällt Ihnen auf und warum? Wer erinnert Sie an jemanden und an wen? Wer interessiert Sie und wer lässt Sie kalt? Welche Gefühle löst wer bei Ihnen aus?« – Darüber nachdenken zu lassen, ist schön. Darüber gleich reden zu lassen, wäre wagemutig. Es aufschreiben zu lassen, anonym, und am Ende (des Anfangs) vorzulesen, ist bezaubernd.

NEUGIER: Wenn Berater zu Beginn Erwartungen abfragen, weil sie das so gelernt haben, sagen alte Workshop-Hasen, dass sie genau das erwartet haben: Erwartungsabfragen. Spannend an einer solchen Abfrage wäre nur, ob einer noch etwas von sich erwartet oder alles nur von dem da vorn. Neugierde wäre ein gutes Gefühl für den Anfang – bei allen. Die Diva Neugier braucht die alte Schwester Sicherheit.

Neugier braucht Sicherheit, aber Sicherheit keine Neugier. Zwischen den beiden tobt der Kampf. Die ganze Zeit. Am Anfang wird

Sicherheit benötigt. Wie gibt man die? Natürlich am besten, indem man einen Rahmen vorgibt: Wer? Wann? Wie? Wo? Wie lange? Im Grunde sind es Banalitäten.

Mögliche Anfangsworte:

- sich vorstellen
- Ziele und Absichten offen besprechen
- Übernahme der Verantwortung für den Prozess – jedoch nicht für den Inhalt (da ist die Gruppe verantwortlich)
- Gefühle darstellen von Neugier, Unruhe …
- und eine Methode anleiten, damit die Menschen im Raum ins Gespräch kommen

ANGST: Dann ist Anfangsmanagement stets Angstmanagement. Fragt man Teilnehmer und Berater, dann ist die Angst ein verlässlicher Begleiter am Anfang. Teilnehmer scheuen das Sprechen in Gruppen, zögern sich zu zeigen. Jeder sollte in der Gruppe etwas sagen, seine Stimme gehört haben. Wie klinge ich in der Gruppe? Wie höre ich mich an? Auch im Bauch der Berater prickelt es am ehesten zu Beginn, wenn die Augen der Menschen auf sie gerichtet sind. Hier hilft nur für ein gutes Gespräch untereinander zu sorgen. Wenn aber der Kaffee im Hotel am Morgen schlecht war, ist aller Anfang schwer….

METHODE: GEMEINSAMKEITEN UND ALLEINSTELLUNGSMERKMALE

KURZBESCHREIBUNG: Erwärmung einer Gruppe, Gemeinsamkeiten entdecken, Alleinstellungsmerkmale sehen.

INHALT UND ZIELSETZUNG: Diese Methode bietet das Anfangen in einer Gruppe auf spielerische und kreative Weise. Neben Gemeinsamkeiten werden auch Alleinstellungsmerkmale und Kurioses aufgedeckt.

LERNKONZEPT: Workshops, Großgruppenveranstaltungen.

TEILNEHMER: Kleingruppen und Großgruppe.

DAUER: 15 Minuten

RESSOURCEN: Raumgröße (ohne Tische).

ABLAUF: Der Moderator bittet die Gruppe aufzustehen und lädt sie zu einem anderen Anfang ein. In dieser ersten Runde geht es darum, sich näher kennenzulernen mit der Bitte, dass jemand in die Mitte des Kreises tritt und ein Merkmal, Thema oder Hobby benennt, von dem er annimmt, es mit den anderen zu teilen (zum Beispiel Anzahl der Geschwister, exotische Sprachen, Hobbys, ausübende oder ausgeübte Sportarten, besondere Ereignisse im Leben und so weiter). Wichtig ist, als Moderator ein paar Beispiele zu nennen und den Anfang zu machen, indem ein konkretes Beispiel genannt wird. Sollten die Teilnehmer ihre Namen nicht kennen, so kann der Name vorangestellt werden: »Ich bin Mirja und habe zwei Kinder im Teenie-Alter zu Hause.« Dann treten alle diejenigen in die Mitte, die das ebenfalls betrifft und wiederholen gegebenenfalls den Namen des Menschen im Kreis: »Hallo Mirja!«.

VARIANTE: Der Moderator bittet die Teilnehmer nur die Themen zu nennen, von denen sie annehmen, sie seien ein Alleinstellungsmerkmal in der Gruppe (zum Beispiel sieben Geschwister, eine elektrische Modelleisenbahn haben, viermal verheiratet …). Möglich wäre auch, während der Ausübung die Frage zu wechseln.

ANMERKUNGEN ZUR WIRKUNGSWEISE: Stehen und Bewegen am Anfang eines Workshops ermöglichen einen offeneren Austausch in einer Gruppe. Menschen bringen sich ein, öffnen sich von Anfang an und lernen die Namen kennen.

Die eben beschriebene Methode eignet sich besonders für Großgruppen. Sie ist schnelllebig, kurz und spielerisch. Die nächste Methode kann ebenfalls erweitert werden und einen tieferen Austausch zu einem Thema ermöglichen.

METHODE: SOZIOMETRISCHE AUFSTELLUNG (KENNENLERNMETHODE)

INHALT UND ZIELSETZUNG: Gruppenmitglieder sortieren sich nach bestimmten Merkmalen zum schnellen Kennenlernen der Gruppe untereinander und Auffinden von Gemeinsamkeiten: Kennenlernen Einzelner, Wahrnehmung der Gruppenmitglieder, Namen lernen, Aktivierung durch etwas Bewegung.

LERNKONZEPT: Teamentwicklung, Seminare, Qualitätsentwicklung, Change-Prozess, Werkstatt, Lernreise.

TEILNEHMER: Kleingruppen und Großgruppe.

DAUER: 10 bis 30 Minuten.

RESSOURCEN: Freier Raum; möglichst die Stühle und Tische aus dem Weg räumen.

VORBEREITUNG: Im Vorfeld Fragen überlegen!

ABLAUF: Der Berater gibt ein Merkmal vor und dementsprechend stellen sich die Teilnehmer in einer Reihe auf beziehungsweise verteilen sich im Raum.

- Beispiel 1: Geburtsjahr. Die Reihe beginnt dann zum Beispiel mit 1954 und endet vielleicht mit 1984. Der Berater fragt das Ergebnis kurz ab, anschließend wird die Reihe nach einem anderen Merkmal (zum Beispiel Anfangsbuchstabe vom Vornamen, Schulabschluss, Abteilung) umgebildet.

- Beispiel 2: Die Gruppe stellt sich auf einer imaginären Deutschlandkarte nach ihrer Herkunft auf. Es bietet sich an, mehrere Merkmale abzufragen, allerdings sollte man diese Methode nicht überstrapazieren.
- Beispiel 3: Die Teilnehmer stellen sich nach Anzahl der Dienstjahre auf.

VARIANTE: Für Teilnehmer, die bereits geübt sind, kann die Aufgabe gegeben werden, dass sie zu zweit (oder in einer größeren Kleingruppe) eine Aufstellungsfrage überlegen, die sie spannend fänden.

PRAXISTIPP UND KOMMENTAR: Diese Methode ist mittlerweile Standard für viele Berater geworden und zahlreiche Teilnehmer kennen sie bereits. Dennoch: Auch alte Workshop-Hasen kann man mit guten Aufstellungsfragen einfangen. Diese sollten mit dem Thema zusammenhängen, das für die Gruppe wichtig ist.

METHODE: BLITZLICHT

INHALT UND ZIELSETZUNG: Jeder in der Gruppe sagt kurz etwas.

TEILNEHMER: Kleingruppen und Großgruppe.

DAUER: 30 Minuten.

RESSOURCEN: Sitzkreis.

ABLAUF: Der Gruppe wird erklärt, dass jede Person ein kurzes Statement zu einer bestimmten Frage abgeben kann. Die verschiedenen Beiträge bleiben unkommentiert. Nur der Berater befragt die Personen. Das Blitzlicht kann sowohl zur ersten als auch zur letzten

Phase angewandt werden oder um Befindlichkeiten, Erwartungen, Reflexion und Feedback abzufragen. Die Fragen können lauten:

- Wie möchte ich gern weiterarbeiten?
- Welche Erkenntnis nehme ich aus der letzten Übung mit?
- Wie bin ich heute Morgen hier angekommen?

VARIANTEN:

- Die Teilnehmer können sich über diese kurze prägnante Methode auch aus der Gruppe ein Feedback geben lassen.
- Ablaufvarianten: Reihum oder mit Ball zuwerfen. Oder der Name wird genannt.
- Jede Person zündet ein Streichholz an und darf so lange reden, bis dieses abgebrannt ist. Ganz nach dem Motto »Ein Blitzlicht ist kein Flutlicht« – so wird die Zeit vorgegeben.

ANMERKUNG ZUR WIRKUNGSWEISE: Durch das Blitzlicht kann jeder Teilnehmer kurz zu Wort kommen und zeigt sich somit in der Gruppe. Alle Personen werden auf diese Weise integriert. Der Berater bekommt über diese Methode einen kurzen Einblick und Orientierung, wo sich die Gruppe gerade befindet.

ZWEITER BEREICH: GESTALTUNG VON BEZIEHUNGEN: FRAGEN STELLEN

Fragen sind Fenster zu den anderen. Fragen zeigen: Hier ist noch nicht alles gesagt. Neugier ist erwünscht. Interesse aneinander zählt. Kurze Fragen und Antworten beleuchten die Vielfalt der Gruppe. Fragen entstehen aus echter Neugier.

Im Folgenden werden einige Fragearten erläutert, die in der Kommunikation mit Menschen hilfreich sind.

METHODE: FRAGEN

METRISCHE FRAGEN

Im Alltag helfen Bewertungen nach einfachen Mustern. Wenn es um Veränderung oder Entwicklung geht, werden Instrumente benötigt, die helfen, Gegebenes neu zu bewerten. Unterstützen können dabei Unterscheidungsfragen, die die bisherigen Einschätzungen zunächst genauer differenzieren und den Blick auch für kleine Unterschiede sensibilisieren. Eingesetzt werden können beispielsweise Skalenabfragen, Fragen nach Rangplätzen oder Abstufungen, die metrische Antworten auf ganz prosaische Situationen herausfordern.

- Wie würden Ihre Mitarbeiter auf einer Skala zwischen 1 und 10 Ihren derzeitigen Führungsstil in der Abteilung als transformational einstufen?
- Wer hat derzeit die größten Schwierigkeiten mit der neuen Organisation, wer folgt an zweiter, wer an dritter Stelle?
- Nehmen wir an, man würde Ihrem Team Fragen nach dem Grad der Offenheit, die derzeit gepflegt wird, stellen und zehn Punkte wären das Optimum, das man sich im Team derzeit vorstellen kann. Welche Einschätzungen würden Sie erhalten? Wer in Ihrem Team hätte eine optimistische, wer eine weniger optimistische Antwort?
- Sie stufen Ihre eigene Leistungsfähigkeit derzeit bei 4 ein. Was müsste geschehen, damit Sie sich selbst mit 5 oder 6 oder 7 einstufen? Wenn die 10 Ihr persönliches Optimum ist, wie könnten Sie das erreichen?

FRAGEN ZUR REALITÄTSKONSTRUKTION

Die Wirklichkeit wird in einem komplexen Prozess von Wahrnehmung der Außenwelt und ihrer Deutung erzeugt. In der Regel geschehen die Interpretationen des Wahrgenommenen unbewusst. Fragen zur Realitätskonstruktion helfen, das Wahrnehmen und Interpretieren wieder zu unterscheiden.

- Sie sagen, Ihre Verhandlungspartner zeigen sich Ihnen immer wieder überlegen. Woran bemerken Sie diese Überlegenheit? Wie kommen Sie zu dieser Einschätzung? Was tut Ihr Gegenüber genau, damit bei Ihnen der Eindruck entsteht, er sei überlegen? Wie könnte man dieses Verhalten noch anders interpretieren?
- Sie beschreiben, Ihr Kollege wäre Ihnen gegenüber ablehnend eingestellt und deshalb lehnen Sie ihn auch ab. Wie zeigt Ihr Kollege die Ablehnung? Wie reagieren Sie darauf? Was tut er? Was tun sie dann? Beginnt immer er?
- Wie häufig stört Sie diese Problematik? Gibt es Situationen, in denen die Schwierigkeit weniger auftritt? Wie verhalten Sie sich da anders?
- Wie würden Sie Ihr Team beschreiben? Wann zeigt es seine Stärken? Wann zeigt es lieber Schwächen? Warum?
- Was denken Ihre Kollegen über den Konflikt zwischen Ihnen und Ihrem Chef? Wer könnte einen ähnlichen Konflikt haben wie Sie, wenn derjenige sich trauen würde? Inwieweit berührt der Konflikt ein Thema, das die ganze Organisation betrifft? Wenn die Auseinandersetzung nicht so persönlich wäre, wenn sie sachlich wäre, worüber ginge sie eigentlich?

TRIADISCHE UND ZIRKULÄRE FRAGEN

Gefühle oder Verhalten, die eine Person oder eine Gruppe A als Folge des Verhaltens von Person oder Gruppe B zeigt, werden nicht unmittelbar von A erfragt, sondern von einem Dritten: C.

Die Fragen arbeiten dabei manchmal mit Hypothesen oder Unterstellungen, die bestehende Realitätskonstruktionen infrage stellen, umdeuten oder erweitern. Sie ähneln einem Rollenwechsel im Rollenspiel, der das Geschehen jeweils aus verschiedenen Perspektiven betrachtet, das eigene Verhalten relativiert und damit neue Interpretationen zulässt. Sind alle Beteiligten anwesend, dienen sie zugleich als Rückmeldung und veranlassen oft zu Korrekturen, die klärend wirken können. Auch wenn solche Fragen kompliziert anmuten und

Frager und Befragte »um die Ecke denken müssen« zeigt die Erfahrung, dass die Befragten in der Regel mühelos antworten können.

- Was glauben Sie, wie sich Herr B. zurzeit fühlt?
- Was glauben Sie, was Ihr Mitarbeiter von Ihnen erwartet?
- Was vermuten Sie, wie Ihr Kunde das Verhältnis zwischen den beiden Abteilungen wahrnimmt?
- Wie würde Ihr Team reagieren, wenn Sie die Einführung einer anderen Arbeitsweise empfehlen würden?
- Würden Kunden die neue Arbeitsweise Ihrer Abteilung der alten vorziehen?

MÖGLICHKEITSFRAGEN

Solche Fragen unterstellen andere Voraussetzungen oder Bedingungen. Sie gehen von neuen, veränderten Annahmen aus oder denken bestehende weiter. Sie hinterfragen Kausalitäten und machen kreativ.

- Wenn die Misserfolge in den nächsten Jahren so blieben, welche Konsequenzen hätte das für das Team? Wie würde sich wohl das auf die Stimmung auswirken? Welche Mitarbeiter würden das Team verlassen?
- Wenn wir in allen Bereichen unsere Qualität um zehn Prozent erhöhen würden, welche Folgen würde das für die Produktionskosten haben? Und wie wäre es, wenn wir um 20 Prozent erhöhen würden?
- Wenn wir die drei schlimmsten Probleme lösen würden, die am meisten unsere Arbeit behindern, welche Konsequenzen hätte das auf unsere Kunden?
- Wenn Sie die Auseinandersetzung wagen würden, die Sie bisher immer vermieden haben, was könnte sich dann bestenfalls verändern? Wer hätte – außer Ihnen – den größten Nutzen davon?

VERBESSERUNGS- UND VERSCHLIMMERUNGSFRAGEN

Modifikationen hypothetischer Fragen sind Verbesserungs- und Verschlimmerungsfragen. Verbesserungsfragen richten den Fokus auf

Stärken und Ressourcen sowie auf erfolgreiches Verhalten. Verbesserungsfragen erzeugen in der Regel bei den Befragten eine positive Stimmung, die – auch wenn sie zunächst unrealistische Optionen beschreiben – den Kopf frei machen vom Problematischen und hinlenken zum Neuen. Die wichtigste Frageform ist hier die Wunderfrage.

Verschlimmerungsfragen öffnen Handlungsoptionen für Betroffene, die den Eindruck haben, in Situationen völlig hilflos zu sein. Wer sich jedoch vorstellen kann, eine Situation durch eigenes Verhalten noch problematischer werden zu lassen, formuliert damit zugleich, die Situation überhaupt beeinflussen und verändern zu können.

Wenn aber negative Beeinflussungen möglich sind, dann ist auch das Umgekehrte möglich: die positive Beeinflussung. Entweder durch Reduktion des Verhaltens, das das Problem schlimmer macht, oder durch ein gegenteiliges Verhalten, das das Problem kleiner werden lässt. In der Regel reagieren Befragte irritiert auf solche Fragen. Werden sie – zum Beispiel humorvoll – ermutigt, sich versuchsweise auf das Gedankenexperiment einzulassen, entsteht häufig eine gelöste kreative Atmosphäre. Das Gedankenexperiment ermöglicht einen Distanzgewinn, der eine Neubetrachtung der Wirkfaktoren zulässt und Voraussetzungen für kreative Problemlösungen schafft.

Verbesserungsfragen

- Wie oft/wie lange/wann ist das Problem nicht aufgetreten? Wenn Sie sich an diese Zeiten erinnern, was haben Sie und die anderen da anders gemacht?
- Was läuft in zurzeit in Ihrem Team gut? Was möchten Sie gern beibehalten? Was müssten Sie tun, wenn Sie noch mehr davon realisieren wollten?
- Die Wunderfrage: Wenn das Problem plötzlich weg wäre (zum Beispiel weil eine gute Fee vorbeigekommen ist und es weggezaubert hat): Was würden Sie am Morgen danach als Erstes anders

machen? Was danach? Wer wäre vom Verschwinden des Problems am meisten überrascht? Was würden Sie am meisten vermissen, wenn das Problem plötzlich weg wäre?

Verschlimmerungsfragen:

- Was müssten Sie tun, um Ihr Problem zu behalten, zu verewigen oder zu verschlimmern? Wie könnten Sie sich so richtig unglücklich machen, wenn Sie dies wollten?
- Was wären geeignete Mittel, um den Konflikt weiter zu eskalieren?
- Was müssen Sie tun, damit alles möglichst schnell und möglichst sicher den Bach runtergeht? Welche Interventionen sind dafür nötig? Wer muss was mit wem tun?

FRAGEN ZU LÖSUNGSVERSUCHEN

Diese Fragen erforschen gelungene Lösungsstrategien. Dabei werden Lösungsmuster erfragt, die in der Vergangenheit hilfreich waren oder beim bestehenden Problem Erleichterungen verschafft haben. Häufig stabilisieren schlechte Lösungsversuche ein Problem. Das Gespräch über vergangene Lösungsversuche gibt auch Aufschluss über den Zusammenhang von Lösungsversuchen und der Stabilisierung des Problems.

- Welche Lösungsversuche haben Sie bisher unternommen? Welche Erfahrungen haben Sie dabei gemacht? Was hat sich bewährt? Was war eher problematisch?
- Wie würden andere die bisherigen Lösungsversuche einschätzen? Wie würde andere an das Problem herangehen? Welche Lösungsversuche kennen Sie von anderen?
- Wie haben Sie früher schwierige Situationen zusammen gemeistert?
- Was bleibt vom Problem unberührt und bleibt Ihnen als Ressource erhalten?

DRITTER BEREICH: VERSÖHNUNG: MIT KONFLIKTEN UMGEHEN

Unterschiede tatsächlich zu besprechen wäre mehr, als nur etwas zu reparieren. Konflikte bieten eine echte Chance zur Weiterentwicklung: für die Personen und die Organisation. Nur wo These und Antithese sich zeigen dürfen, traut sich auch das Innovative aus dem Versteck. Einige Möglichkeiten für die Gesprächsführung sind folgende:

- Organisationsentwickler verkörpern die Selbstdisziplin des Zuhörens, des Verstehen-Wollens. Wer sagen kann: »Solange einer eine andere Meinung hat, kann ich von ihm lernen«, der hat seine Ungeduld und Rechthaberei überwunden.
- Organisationsentwickler ermutigen, unterschiedliche Positionen zu artikulieren, zu variieren und nebeneinander bestehen zu lassen. Auf diese Weise kann eine vielschichtige, tiefere Wirklichkeitssicht erreicht werden.
- Die Arbeit an der Fähigkeit zu realistischen Wirklichkeitsmodellen, die der Komplexität angemessen sind, bietet in Zeiten der Globalisierung einen Erfolg versprechenden Ansatz. Deren beschleunigter Veränderungsdynamik bei gleichzeitig großer Stabilitätsreduzierung kann mit den Ergebnissen einer gelungenen Konfliktmoderation wesentlich flexibler begegnet werden.
- Konfliktlösungsprozesse sind zeitaufwendig und kosten viel Energie. Jedoch bieten sich am Ende – sachbezogen wie psychologisch – neue Perspektiven, die weitaus nachhaltiger sind, als Konflikte bloß zu vermeiden oder zu verschweigen, voreilige Kompromisse anzustreben oder Strategien einseitig durchzusetzen. Konflikte als das zu begreifen, was sie sind: eine echte Chance für Innovationen, für angemessene Problemlösungen und verbesserte Kooperation.

METHODE: METAEBENE

Das Verlassen des Themas geschieht mit der Einladung an die Gruppe, auf die Metaebene zu gehen. Die Intervention lautet: »Ich möchte Sie bitten, einen Moment im Thema innezuhalten und auf die Arbeitsweise und Stimmung der Gruppe zu schauen. Was nehmen Sie wahr? Was hemmt derzeit? Was fördert?«

METHODE: INTERVIEW MIT EINER FÜHRUNGSKRAFT

INHALT UND ZIELSETZUNG: Um für mehr Transparenz und Angstabbau zu sorgen, wird eine Führungskraft vor ihren Mitarbeitern offen interviewt.

LERNKONZEPT: Teamentwicklung, Qualitätsentwicklung, Change-Prozess, Lernreise, Workshop.

TEILNEHMER: Führungskraft mit ihren Mitarbeitern.

DAUER: 1,5 Stunden bis 2 Tage ausbaubar.

RESSOURCEN: Metaplanwände (für jede Kleingruppe), Moderationskoffer.

ABLAUF: Vor Beginn des Interviews sollte der Führungskraft ein Kompliment darüber ausgesprochen werden, dass sie bereit ist, sich auf diese Situation einzulassen. Dies zollt Wertschätzung und wirkt eventueller Nervosität entgegen. Es sollte auch betont werden, dass sie dem Workshop durch das Interview besonderes Gewicht verleiht und das Lernen der Teilnehmer maßgeblich unterstützt. Die Fragen, die während des Interviews gestellt werden, müssen natürlich auf jeden speziellen Fall maßgeschneidert werden. Die folgenden Fragen können als Richtschnur verstanden werden. Allgemein empfiehlt es sich, die Fragen des Interviews nach einer zeitlichen Struktur zu gliedern:

- Vergangenheit: Was war?
- Gegenwart: Was ist? Welche Prozesse und Veränderungen gibt es zurzeit?
- Zukunft: Auf was muss sich das Unternehmen einstellen? Welche Fähigkeiten brauchen die Mitarbeiter dafür?

Die Fragen lassen sich in verschiedene Bereiche gliedern, die alle angeschnitten werden sollten:

- die Abteilung, das Team, die Firma …
- das Umfeld, die Kunden
- die Mitarbeiter
- Abschluss des Interviews

Beispielfragen, die die Abteilung, das Team beziehungsweise die Firma betreffen:

- Welchen Anlass hat dieser Workshop?
- Welchen Herausforderungen müssen sich Ihre Abteilung und die Mitarbeiter gegenwärtig stellen?
- Welchen persönlichen Ausblick haben Sie für die Abteilung, das Team, das Unternehmen?
- Was sind Ihre Kriterien für eine positive Entwicklung?

Beispielfragen: Umfeld und Kunden

- Welche Veränderungen gibt es zurzeit beim Kunden? Wie sehen die Kunden Ihrer Ansicht nach Ihre Abteilung, das Team?
- Wie soll der Kunde in Zukunft die Mitarbeiter erleben, damit der Workshop als erfolgreich bezeichnet werden kann?

Beispielfragen: Mitarbeiter

- Welche Stärken und Schwächen sehen Sie zurzeit bei Ihren Mitarbeitern?

- Welchen Führungstyp hätten Sie gern in Ihrem Unternehmen?
- Welche signifikanten Veränderungen kommen auf die Mitarbeiter zu?
- Was erwarten Sie von Ihren Mitarbeitern?
- Wie würden Sie die Streitkultur der Mitarbeiter beschreiben?
- Wie entscheidungsmutig würden Sie das System beschreiben?
- Welches Feedback wird unter den Mitarbeitern gegeben?
- Womit müssen Sie in Ihrem Unternehmen aufhören und womit müssen Sie neu anfangen?
- Was glauben Sie, wie die Mitarbeiter Ihren persönlichen Führungsstil einschätzen?

Zum Abschluss des Gesprächs: Es sollte auf jeden Fall mit der Führungskraft geklärt werden, ob es noch weitere Themen gibt, die angesprochen werden sollten. Es folgen ein Kompliment und der Dank des Beraters für die Offenheit der Führungskraft. Ohne dass es in eine Diskussion ausufert, sollte noch eine kurze Runde mit persönlichen Reaktionen der Teilnehmer gemacht werden.

Im Anschluss an den ersten Teil mit Interview und Blitzlichtrunde werden die Teilnehmer in Kleingruppen aufgeteilt (ungefähr fünf Teilnehmer). Hier diskutieren sie folgende Fragen (zur Strukturierung der Fragen sind auch farbliche Unterscheidungen sinnvoll):

- Worin stimmen wir überein?
- Was hat mich irritiert?
- Was hat gefehlt?

Danach präsentiert jede Kleingruppe ihre Antworten – so werden die Ergebnisse zusammengeführt. Der Berater fragt dabei die Führungskraft: »Wo fühlen Sie sich richtig verstanden? Wo nicht?«

Daran schließt sich die Diskussion an. Diese kann dann den Plan für weiteres Arbeiten beinhalten.

VARIANTE: Möglich wäre, dann die Themen zu clustern und in Kleingruppen an ihnen weiterzuarbeiten. Hier bräuchte man die Führungskraft nicht mehr, da es um das Arbeiten im Team geht. Sie könnte am Ende des Workshops wiederkommen.

ANMERKUNG ZUR WIRKUNGSWEISE: Themen und Konflikte werden strukturiert und Missverständnisse können so aufgedeckt werden. Ein intensiver Austausch, der die Gruppe auch zwei Tage mit Aufgaben versorgen kann. Mit dieser Methode gelingt es zudem, die Opfer zum Täter zu machen.

PRAXISTIPP/KOMMENTAR: Funktioniert eigentlich immer – hier benötigt es nur das Vertrauen der Führungskraft. Kann sie sich auf so etwas einlassen? Das hängt wiederum mit der Beziehungsqualität zwischen Führungskraft und Berater ab.

Organisationsentwicklung als Kulturentwicklung

Wir hatten eingangs bereits beschrieben, dass Organisationsentwicklung sich zuweilen auf die Arbeit an der Kultur beschränkt, und Aufbauorganisation oder Prozesse als Gegebenheiten betrachtet und (zunächst) außer Acht lässt. Im Folgenden beschreiben wir hilfreiche Vorgehensweisen für kulturschaffende Organisationsentwickler.

WAS IST EINE ORGANISATIONSKULTUR?

Kultur könnte man beschreiben als die bewährten Arten und Weisen, wie Probleme in einem Unternehmen gelöst werden. Pragmatisch auf den Punkt hieße das dann: »So machen wir das hier.« Menschen mit systemisch-komplexem Hintergrund würden Unternehmenskultur vielleicht umschreiben als Wechselwirkung zwischen selbstverständlich gewordenen Grundannahmen, Überzeugungen, Normen, Werten und Haltungen, die bei vielen in der Organisation gelten und wirksam sind.

Uns gefällt unsere eigene Kulturidee ganz gut, weil sie in ihrer Diffusität nicht lehrbuch-, aber alltagstauglich ist. Sie entstand in Anlehnung an den Satz: »Stil, das ist der Mensch selbst.« Wer dem Satz zustimmt, der stimmt dann vielleicht auch hier zu: »Kultur, das ist das Unternehmen selbst …«, und man kann gern die zenbuddhistische Absurdität hinzufügen: »… wenn keiner zuschaut«. Wer Kultur verstehen will, der blickt auf Lebens- und Arbeitsgefühl der Menschen, ihre Überzeugungen, Gewohnheiten und auf Geschichten, die sie erzählen, Zeichen, die sie verwenden. In der Kultur zeigt sich, wie im Unternehmen etwas unternommen wird oder auch nicht. Als Produkt der Annahmen im Unternehmen, dessen

Multiplikanden nicht mehr analysierbar sind, hat sie alle als Multiplikatoren.

Schaut man aus Organisationsperspektive auf Kultur, so ist darunter das *Wie im Gegebenen* einer Organisation gemeint. Unter Kultur verstehen wir dann alle offenen und geheimen Regeln, Normen und Werte eines Unternehmens. Man könnte als Metapher den Fisch im Wasser nehmen, der blind ist für das, was ihn ständig umgibt. Ähnlich schwierig ist es, intern Kultur »zu messen« oder besprechbar zu machen. Oft gibt es eine Diskrepanz zwischen dem, was nach außen in klangvollen Leitsätzen und anspruchsvollen Broschüren propagiert wird, und dem, was tatsächlich im Unternehmen gelebt wird. Sonja Sackmann (2004) misst daran gar die Qualität einer Unternehmenskultur: Je größer die Diskrepanz zwischen normativ postulierter und tatsächlich im Verhalten nachvollziehbar gelebter Unternehmenskultur ist, desto größer sind die vorhandenen internen Probleme.

Für Organisationsentwickler gilt, das beobachtbare Verhalten und Indizien für die Kultur zu sammeln. Fragen können sein: Wie ist das Unternehmen und seine Untergruppen beschaffen und verankert? Wie wird entwickelt und kommuniziert? Seine Informationen sammelt ein Organisationsentwickler eher als teilnehmender Beobachter in Kaffeeecken und Besprechungen, weniger aus Unternehmensbroschüren. Aus den gesamten Eindrücken lässt sich schließen, worum es im Kern des Ganzen geht. Mit anderen Worten: Alle Schichten beeinflussen sich gegenseitig und sind daher überall ablesbar (pars pro toto).

KULTUR ENTWICKELN ... GUERILLA-GARDENING

Guerilla-Gardening hatte seinen Ursprung in England: Am Tag der Arbeit im Jahr 2000 trafen sich Anarchisten, Globalisierungskritiker und Umweltaktivisten in London auf dem Parliament Square und begannen, auf der verkehrsumtosten Rasenfläche einen Garten anzulegen. Seitdem gibt es viele Gruppen und politische Bewegungen, die (un-)erlaubterweise Städte begrünen. Vielleicht hilft es? Impulsgeber sind diesen Guerilleros ein wenig seelenverwandt. Sie allerdings werfen Kultur-Samenbomben, und zwar mit der Erlaubnis von ganz oben. Wenn es hilft …!

Cultura bedeutet im Lateinischen Bearbeitung, Pflege, Ackerbau. Kulturveränderung ist Ackerbau. Mitarbeiter und Führungskräfte sind diejenigen, die die Kultur pflegen, unter der sie vielleicht leiden. Meist erleben sie sich als Opfer derselben, sind in gleicher Weise aber auch Täter. Kulturen – so, wie sie sind – werden häufig beklagt und doch haben alle auch ihren Gewinn. Man schätzt meist irgendwie die bekannten Höllen und zieht sie den unbekannten Himmeln vor.

Es geht um die Arbeit an einem lebendigen System. Die hört nie auf und es gibt kein endgültiges Ziel. Es geht immer um Pflügen, Säen und Ernten. So mancher Manager hätte Lust, an den Blumen zu ziehen, damit sie schneller wachsen.

Wir beschreiben im Nachfolgenden einen Ansatz für eigenverantwortliche Kulturentwicklung.

IMPULSGEBER IN UNTERNEHMEN

Eine neue Gruppe formiert sich: Sie haben Namen wie Kulturarbeiter, Veränderungsbegleiter, Beschleuniger oder Change Agents – wir nennen sie schlicht Impulsgeber. Manche waren zuvor diejenigen, die interne Veränderungsprozesse begleitet haben, so gibt es auch einen Wechsel von »Auftrag bekommen« hin zu »selbst einen Auftrag suchen«. Impulsgeber im Kulturprozess müssen nach eigenen Feldern suchen und diese dann auch verändern. Die Gefahr besteht, dass sie ihre Arbeit als Mission verstehen und die Menschen bekehren möchten.

Die Impulsgeber müssen manchmal lernen, nach den Themen zu suchen, die nicht nur sie selbst interessieren, sondern zumindest eine Mehrzahl von Menschen. Wir haben einige Fragen zusammengestellt, die für die Suche der Impulsgeber wichtig sein könnten:

- Wo geht Kontrolle vor Vertrauen (und ist überflüssig)?
- Wo werden mehr Austausch und Zusammensein benötigt?
- Wo behalten wir Wissen für uns, statt zu teilen?
- Wie machen wir Ideen kaputt, anstatt dass wir sie zum Blühen bringen?
- Welche immer wiederkehrenden Probleme behindern uns?
- Welche Regeln umgehen wir kreativ, statt sie abzuschaffen?
- Was vermeiden wir, wenn wir das tun?
- Wenn die Mehrheit sich entscheiden könnte, wie würde sie das entscheiden?
- Wie würde das jemand sehen und verändern, der Humor hat?
- Wo lügen wir (zu viel)?
- Mit wem gehen wir in Konkurrenz, mit dem wir eigentlich zusammenarbeiten sollten?
- Von ganz, ganz oben, betrachtet: Ist es wirklich vernünftig, was wir da tun?

IMPULSGEBERPROJEKTE

Aus eigener Erfahrung können wir bestätigen, wie unterschiedlich die Impulsgeber im begonnenen Prozess aktiv sind und wie facettenreich die selbstgewählten Tätigkeiten – jeder nach den Möglichkeiten und dem Bedarf vor Ort – sind. Diese ungerichtete Buntheit macht den Charme und die Kraft der Initiativen aus.

BEISPIELE FÜR IMPULSGEBERPROJEKTE

RUNDER TISCH

Die Idee, die zugrunde lag, war, die bereichsübergreifende Zusammenarbeit zu verbessern – am »Tisch« konnten über die Themen anders gesprochen werden. Aus dem Kreis bildeten sich Gruppen, die bestimmte Themen über den Abend hinaus betreuten. Wichtig war zudem, dass die Idee von innen heraus geboren wurde. So gab es eine andere Akzeptanz.

RAUS AUS DEM ELFENBEINTURM

Ziel war es in diesem Fall, mehr Aufgeschlossenheit gegenüber neuen Dingen zu erzeugen. Es sollten mehr Innovationen und Ideen ausprobiert werden, anstatt alles akribisch mit zusätzlichen Absicherungsschritten vorzubereiten. Dafür wurden mehr Inputs von außen (aus anderen Geschäftsbereichen) zugelassen und Experten eingeladen. In diesen Gesprächen stand vor allem Erfahrungsaustausch zu geschäftlichen und persönlichen Lernfeldern im Vordergrund. Die Experten standen außerdem als Mentoren im weiteren Prozess zur Verfügung.

MAL WIEDER NÄGEL MIT KÖPFEN MACHEN

Einem Techniker wurde die ganze Arbeit zu verwaltungslastig – Abläufe wurden als wichtiger gehandelt, die Zeit in Besprechungen, Sitzungen und am PC nahm überhand. Daher entschied er sich dafür, das zu verändern und mehr Zeit im Labor für technisch anspruchsvolle Prototypen zu verbringen. Die Reaktionen seiner Kollegen waren unterschiedlich: Begeisterung und Nachahmung – bis hin zur Ablehnung. Er suchte dementsprechend einen Mittelweg, um auf die Bedürfnisse der Organisation einzugehen. Aber immerhin gelang ihm der Impuls, in den Bereich hineinzutragen, sich mit der Verteilung der Arbeitskraft auseinanderzusetzen.

WIR INKLUDIEREN

Eine Impulsgeberin integrierte behinderte Menschen aus der Organisation in einen Vier-Kilometer-Lauf. Vielfach fühlen sich diese Menschen ausgeschlossen, vielleicht ist auch die ganze Strecke für sie ungeeignet. Ihr Engagement verführte aber auch diejenigen, die sich bisher gescheut hatten, mitzumachen. Durch den Lauf förderte sie das Zusammengehörigkeitsgefühl in der Organisation (ein großer Leitsatz der Vision!).

SCHWARMFINANZIERUNG

Die Hürden zur Finanzierung der konkreten Weiterverfolgung von Ideen schienen einem Impulsgeber zu hoch, die Prozesse verlangsamten sich. Das wollte er aber so nicht hinnehmen. Sein Vorschlag: Mit einem zugeteilten Budget sollte jeder Mitarbeiter eines Bereichs die Möglichkeit erhalten, seine Idee zu finanzieren. Die Ideen waren bereits in der Organisation bekannt und konnten nun bewertet werden. Mit der Schwarmfinanzierung erhoffte sich der Impulsgeber die unbürokratische Finanzierung von Ideen.

LUNCH-ROULETTE

Die elektronischen Möglichkeiten, um miteinander in Kontakt zu treten, erleichtern vieles. Für das Netzwerken jedoch sind sie nicht immer von Vorteil. In diese Lücke brachte ein Impulsgeber folgende Idee: sich mit zufällig ausgewählten Kollegen zum Mittagessen treffen und dort face-to-face miteinander sprechen. Die Plattformen waren einfach zu installieren und verbreitet hat sich die Idee ganz schnell von allein.

EINE GRUPPE WIRD ZUR BANDE

Kulturentwicklung heißt Dialog, heißt Reflexion und Selbstreflexion. Kulturentwicklung heißt aber auch Ausprobieren, einen Unterschied machen, etwas Neues in die Welt setzen (und neugierig beobachten, was passiert). Genau das ist der Sinn und Zweck der Impulsgebergruppen. Eine »Bande« im besten Sinne wird gegründet. Impulsgeber, die sich gegenseitig inspirieren, bestärken, miteinander Dinge aushecken, darauf schauen, würdigen. Die miteinander feiern, miteinander lernen, gemeinsam Kraft tanken für die nächsten Schritte. Sich gegenseitig bestärken und ermutigen bildet die Basis für einen Prozess, in dem Impulsgeber zu Vorbildern und Gestaltern der Bewegung werden. Dazu benötigen sie ein gemeinsames Verständnis, eine gemeinsame Haltung und das passende Handwerkszeug zur Kulturentwicklung.

IMPULSGEBER BEGLEITEN

Die Form passt auch zum Inhalt der Aufgabe. Zu viel Projektmanagement, detaillierte Zielsetzung und Erfolgsausrichtung würden die Bewegung der Menschen behindern, ihre Kreativität einschränken. Darum geht es aber: Menschen in Bewegung zu bringen und zu halten, sich mit dem Gewordenen nicht abzufinden, sondern wirksam das Wie zu gestalten.

Die Impulsgeber benötigen jedoch gleichzeitig eine gezielte strukturierte Begleitung, die über das Zusammenführen in Arbeitsgruppen und Großveranstaltungen hinausgeht. Es geht um mehr als regelmäßige Kommunikation und Motivation. Zum einen benötigt diese Gruppe eine Steuerung und zum anderen eine gemeinsame Heimat. Für die Gruppe der Impulsgeber wird daher eine »Heimat« geschaffen, in der sie sich systematisch und kontinuierlich mit ihren Themen beschäftigen kann. Kontinuierliche Reflexion über das eigene Tun und die Aneignung von passendem Handwerkszeug stehen im Mittelpunkt. Ziel ist es, die Motivation und Begeisterung in eine gemeinsame Richtung zu lenken. Gleichzeitig sind die Impulsgeber keine frei flottierende Menge in der Organisation, sie können nicht alles allein entscheiden. In regelmäßigen Treffen mit den obersten Führungskräften stellen die Impulsgeber ihre Ideen und Entscheidungsvorlagen vor und bestimmen gemeinsam den weiteren Weg zur Veränderung.

Wenn Neues auf Altes trifft, hat es das Neue meistens schwer. Dabei erleichtert der genannte Heimatgedanke den Weg ins Unbekannte, um nicht wieder ins Altbewährte zurückzufallen. Was zudem hilft, sind einfach Handlungsregeln für die Arbeit der Impulsgeber. Folgende Beispiele für Handlungsprinzipien sind aus unserer Sicht hilfreich.

BEISPIELE FÜR HANDLUNGSPRINZIPIEN

FINDE DICH NICHT AB. LASS DICH NICHT ABFINDEN! EMPÖRE DICH UND VERÄNDERE!

Etwas als unveränderlich hinzunehmen und es zu beklagen, ist beliebt. Genau das aber vergiftet das Innovationsklima. Dagegen helfen: sich wundern, sich aufregen, ins Gespräch gehen. Denn das erzeugt Unruhe und Bewegung. Das ist der Anfang.

SEI MUTIG! SEI UNKONVENTIONELL! SEI INNOVATIV!

Immer wenn es um Veränderung geht, wirst du auf Bedenken treffen, und meistens sind diese nicht ganz grundlos. Dann dennoch Neues zu wagen, das erfordert Mut, weil du scheitern könntest. Neues entsteht manchmal dann, wenn das scheinbar Selbstverständliche hinterfragt wird und die Antworten nicht zufriedenstellen. Erst danach tauchen neue Ideen auf.

MACH ES SELBST ODER GIB ANDEREN IMPULSE! MACH ES NICHT ALLEIN!

Meist muss einer anfangen. Vielleicht sogar allein in die Vorlage gehen und es versuchen. Dabei kannst du scheitern! Und manchmal oder sogar häufiger erst beim zweiten Anlauf erfolgreich sein. (Alternative: Beginne mit dem zweiten Anlauf!) Findest du Gefährten, schauen nicht so viele beim Scheitern zu.

HANDELN GEHT VOR FOLIEN!

Folien sind ein Teil der Kultur. Folien verändern aber keine Kultur. Die Wahrheit einer Absicht liegt im Handeln. Sonst nichts.

BETEILIGE BETROFFENE AN DEINEN ÜBERLEGUNGEN UND DEN UMSETZUNGEN!

Wenn du etwas anders machen willst, sind davon andere berührt und betroffen. Es ist klüger, diese vorher zu beteiligen, als hinterher um Entschuldigung zu bitten. Daran denken: betroffene Führungskräfte sollten einverstanden sein.

EIN SCHRITT IST EIN ANFANG! ERST ANFANGEN, DANN WIRST DU SCHON WEITERSEHEN!

Eine Veränderung ist nur in ihrem Anfang berechenbar, danach braucht es Überprüfung und Korrektur. Gib nur am Anfang viel Energie in das Veränderungsvorhaben hinein. Wenn es gut ist, läuft es selbst weiter.

Was hilft, um Impulsgeber wirklich wirksam werden zu lassen? Im Nachfolgenden haben wir beschrieben, wie ein Impulsgebernetzwerk aufgebaut und auch begleitet werden kann.

METHODE: EIN IMPULSGEBERNETZWERK AUFBAUEN UND BEGLEITEN

Ein Impulsgebernetzwerk ist das Format zur Umsetzung des Wandels. Und gleichzeitig ist das Format die Botschaft: Wir machen es selbst, weil wir es sind, um die es geht. Folgende einzelne Schritte gehen wir in der Regel beim Aufbau und in der Begleitung eines Impulsgebernetzwerks.

ERSTER SCHRITT: IMPULSGEBER FINDEN

- Zunächst gilt es, Entscheidung im Leitungskreis herbeizuführen.
- Wichtig ist, Klarheit und Zielsetzung der Impulsgeber im Leitungskreis herzustellen, zum Beispiel mithilfe einer Führungsreise. Die

Impulsgeber brauchen die Ermutigung und die Erlaubnis der Führung, so aktiv zu sein, wie sie denken, dass es notwendig ist.

- Dann sollte für das Format in diversen Gremien geworben werden.
- Nun folgt ein Schreiben an alle Mitarbeiter des Bereichs mit der Ermutigung, Impulsgeber zu werden sowie die Einladung zu einer Auftaktveranstaltung.

Die Auftaktveranstaltung für 80 bis 100 Impulsgeber erfolgt mithilfe einer »Werkstatt«. In der Veranstaltung werden in verschiedenen Formaten (Plenum, parallele Workshops, Diskussionen) die Idee der Impulsgeber sowie mögliche Themen für deren Kulturarbeit geschärft, die Mitarbeiter orientiert und motiviert. Am Ende der Veranstaltung können sich die Mitarbeiter – nachdem das Bild dieser Rolle klarer geworden ist – als Impulsgeber bewerben. Diejenigen, die mitmachen wollen, werden von der Geschäftsleitung als Impulsgeber beauftragt. Ein erstes Finden und Entwickeln von Ideen findet statt, Rahmenbedingungen für die Arbeit als Impulsgeber werden geklärt (zum Beispiel Einsatz an Kapazität für diese Rolle).

ZWEITER SCHRITT: IMPULSGEBER BEGLEITEN

- Die Begleitung der Impulsgeber wird in verschiedenen Formaten sichergestellt (beispielsweise regelmäßige Impulsgeberwerkstatt, Peergruppen, fallweise Begleitung, Austausch und Vernetzung über das Intranet).
- Die Impulsgeber arbeiten an ihren Initiativen: entweder Impulse, die von den Impulsgebern selbst initiiert werden oder auch Impulse von anderen Menschen, die einen Impuls in das Netzwerk geben.
- Begleitung der Impulsgeber in ihrer Heimat: Heimat in Gruppen, die themen- oder regionsspezifisch organisiert sind.
- Ein Treffen aller Impulsgeber einmal im Jahr ist hilfreich, um den Austausch zu fördern und gemeinsam zu lernen.

- Sinnvoll ist auch die Vernetzung mit den Nichtimpulsgebern: Die Initiativen vernetzen sich mit den Menschen, die den Prozess nicht mitbekommen haben. Sie werden zu Multiplikatoren für die gesamte Organisation.

Wir beschreiben nun ein konkretes Beispiel eines Veränderungsprozesses in einem Konzern mit über 100 000 Mitarbeitern, der seine Impulsgeber bereits gefunden hatte.

BEISPIELE AUS DER PRAXIS

BEGLEITUNG DER IMPULSGEBER

In Großveranstaltungen hatten sich ungefähr 800 Impulsgeber aus allen Bereichen gefunden, die den Kulturwandel mitgestalten wollten. Jeder war dazu aufgefordert – je nach seinen Möglichkeiten – an einer »besseren Kultur« zu arbeiten. Die Regionen bündelten die Initiativen der Impulsgeber. Die Impulsgeber beschäftigen sich in diesen Initiativen in vielfältiger Weise mit Themen wie:

- bereichsübergreifendes Denken
- mehr Eigenverantwortung
- veränderte Kommunikation
- neues Führungsverständnis

Festzustellen war, dass die Themen auch nach den großen Veranstaltungen stetig weiterbewegt wurden. Jeder engagierte sich und leistete seinen Beitrag zur neuen Kultur – außerhalb seines »normalen« Arbeitsspektrums. Die Impulsgeber lebten eine Multiplikatoren- und eine Vorbildrolle vor Ort. Sie trugen die Botschaft in den Konzern, dass jeder einen Beitrag zum Kulturwandel leisten kann und leisten muss. Ihre Tätigkeit ging aber oft darüber hinaus: Sie griffen produktiv in das Aufgabenfeld von Veränderungsbegleitern, Personalentwicklern, Führungskräften, Betriebsräten ein, brachten zahlreiche frische Ideen ein, setzten Schwerpunkte neu, wiesen auf

Dinge hin, die bisher nicht angegangen worden waren – verantwortliches Handeln wurde durch ihr Einbringen und Einmischen für alle sichtbar.

Dennoch wurden etliche der Initiativen von der Organisation nicht angenommen, sie blieben stecken oder verschwanden gleich in der Schublade. So entschied das interne Veränderungsmanagement, die Impulsgeber mehr zu unterstützen und in ihren Vorhaben zu begleiten. Sicherheit in der Unsicherheit zu bieten, denn es gab bisher keine Vorbilder und wenige Vorgaben.

DAS IMPULSGEBERNETZWERK

Dafür entwickelten interne und externe Berater einen »Begleitungsprozess« für 150 Impulsgeber, die sich bewerben konnten. Das Impulsgebernetzwerk umfasste Werkstätten, Supervisionsgruppen und die Arbeit an einem Kulturprojekt im eigenen Umfeld. Notwendige Bedingung für die Teilnahme am Impulsgebernetzwerk waren der Wille und die Möglichkeit zu selbstständiger Arbeit an einem eigenen Kulturprojekt. Bei der Bewerbung für die Teilnahme am Impulsgebernetzwerk sollte die Bereitschaft für die Durchführung eines Kulturprojekts deutlich werden, noch besser bereits eine Idee für ein solches Projekt vorhanden sein. Form, Inhalt und Größe der Kulturprojekte sollten aber frei sein. Sie wurden in verschiedenen Gesprächsrunden durch das Impulsgebernetzwerk reflektiert, verändert, konkretisiert und begleitet.

Inspiration, Ermutigung und Befähigung waren die zentralen Themen sowie den Impulsgebern eine »geistige Heimat« zu geben, um den Kulturwandel voranzutreiben. Zu Beginn der Arbeit am Kulturwandel lagen die Schwerpunkte auf der Motivation der Menschen und der Überzeugung von der Notwendigkeit eines Wandels. In der Arbeit mit dem Impulsgebernetzwerk kam eine neue Zielsetzung dazu: Befähigung. Und zwar die Befähigung,

- zu unterscheiden, was veränderbar ist und was nicht;
- zu erkennen, welche Grundlagen eine gute Kultur braucht;

- andere für eine bessere Kultur zu inspirieren und sich selbst inspirieren zu lassen;
- umzusetzen, wovon man inspiriert ist;
- klug und umsichtig zu handeln und maßgeblichen Stakeholder zu berücksichtigen;
- ein Netzwerk aufzubauen sowie
- über Gelungenes und Missglücktes zu reflektieren und es besser zu machen.

»Befähigung« umfasst dabei mehr als handwerkliches Können. Es ging auch um das Wollen. Befähigung bedeutete zudem, in der schwierigen Arbeit der Kulturveränderung emotional stabil zu bleiben, Rückschläge überwinden zu können, dabei Hoffnung zu bewahren, statt sich mit Zynismus über Wasser zu halten. Es galt das Motto: »Die Wahrheit einer Absicht ist die Tat.« Dafür sorgte das Lernen an konkreten Projekten. In der Vorbereitung, Durchführung und Reflexion des Kulturprojekts wurde lebendiges Lernen in der Praxis realisiert und gleichzeitig Kultur entwickelt. Die Angebote der Werkstätten und die Inhalte der Supervisionsgruppen unterstützten die Impulsgeber in der Arbeit an ihren persönlichen Kulturprojekten.

Das Impulsgebernetzwerk begleitete die 150 Impulsgeber für die Dauer eines Jahres. Für die Werkstätten wurde die Gruppe der 150 in drei stabile Gruppen à 50 Teilnehmer geteilt. Die Supervisionsgruppen bestanden jeweils aus Gruppen à zehn Teilnehmer. Das Impulsgebernetzwerk war ein Verbund von Menschen, die sich für die Dauer eines Jahres einem gemeinsamen Lernprozess verschrieben hatten.

Das Netzwerk blieb jedoch offen für alle an der Kulturentwicklung Beteiligten. So wurden beispielsweise in den Werkstätten Kurse durch Veränderungsbegleiter oder Führungskräfte angeboten, es wurden Gäste als Gesprächspartner eingeladen, und die Impulsgeber selbst boten Kurse an.

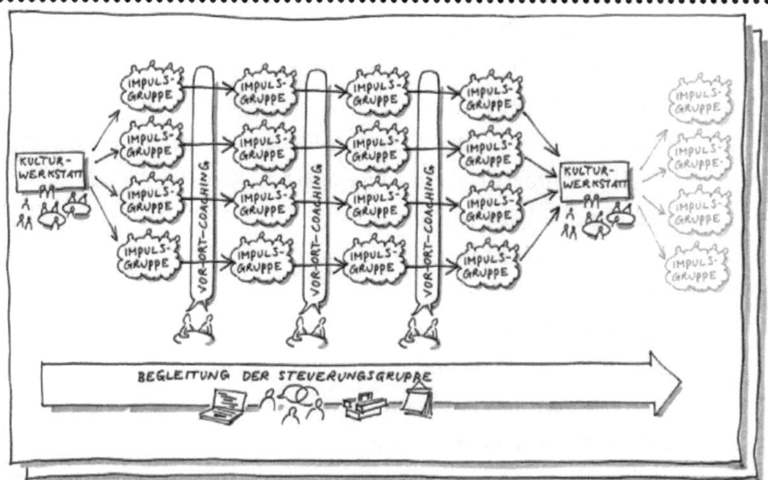

Die folgenden Elemente prägten den Prozess:

WERKSTÄTTEN: Die drei Werkstätten bildeten den Rahmen des Impulsgebernetzwerks. Die Inhalte der Werkstätten wurden aufeinander und jede Werkstatt prozessorientiert auf die Themen der Impulsgeber abgestimmt. Es war wichtig, Wege zu finden, die die Menschen in der Organisation mitnehmen. Die Werkstätten fokussierten unter anderem auf folgende Themen:

- »Haltung und Rolle«
  - Was wollen wir erreichen? Was sollen wir erreichen?
  - Wo sind unsere Spielräume und Grenzen?
  - die eigene Motivation kennenlernen und stabilisieren
  - Stärken stärken
  - Geduld verlieren und wieder finden
  - beobachten und stören
- »Kulturverständnis«
  - Zukunft braucht Herkunft: Geschichte der Organisation
  - Wie bewege ich mich in meiner Organisation: Welche Grenzen muss ich akzeptieren und welche nicht?
  - Was bedeutet Kulturentwicklung?

  - Wie verändere ich Kultur?
  - Und warum sollte man so etwas tun?
  - Wie netzwerke ich?
  - Perspektivwechsel – aus fremden Kontexten lernen (wie zum Beispiel Architektur, Kindertagesstätten, Kunst …)
- »Management by Underground«
  - Wie gewinne ich Menschen?
  - Rituale finden und leben
  - Stören – aber richtig!
  - Wie beginne und wie gestalte ich die Initiativen?
  - Initiativen definieren: Chancen und Grenzen kennen
  - Kreativität Raum geben – Wie »mache« ich Kreativität?
  - Emotion in die Organisation bringen: Welche Emotion passt zu uns? Was bewegt? Was bereitet Spaß?
  - mit Überraschungen arbeiten
  - Stressbewältigung

Es ging in allen Werkstätten um Aufmerksamkeit, Wertschätzung, Emotion, Argumentationshilfen, Tipps, Tricks und nicht zuletzt um die Ermunterung, Erfolge zu feiern.

SUPERVISION FÜR DIE IMPULSGEBERGRUPPEN: In den Supervisionsgruppen entstanden durch die gleich bleibende Gruppenzusammensetzung und die kleine Gruppengröße (maximal zehn Teilnehmer) besondere Vertrauensverhältnisse. Diese ermöglichten kollegiale Fallbesprechungen in besonderer Offenheit und schufen so sehr intensive Lernerfahrungen. Die Supervisionsgruppen vereinten dabei Menschen aus den unterschiedlichsten Arbeitskontexten: überregional, nicht geschäftsfeld- und nicht themenspezifisch.

Zentrales Thema der Supervisionsgruppen war die Begleitung der Kulturprojekte der Impulsgeber. In den regelmäßigen Supervisionstreffen wurde der Stand der Kulturprojekte jedes Einzelnen besprochen, konnten Probleme bearbeitet und Fragen beantwortet werden. Die Supervisionsgruppe entwickelte durch diese Zusammenarbeit eine gemeinsame Mitverantwortung für alle Kulturprojekte ihrer Mitglieder.

VOR-ORT-COACHING DURCH BEGLEITENDE VERÄNDERUNGSBEGLEITER: Die Impulsgruppen wurden von einem intern/extern gemischten Beraterteam begleitet. Die Internen kamen aus der Gruppe der Veränderungsbegleiter. Die Veränderungsbegleiter waren die Hauptpersonen in den regionalen Veränderungsthemen und hatten dort die zentrale Rolle, verändernd zu wirken. Ihre Rolle war es, zwischen den Gruppentreffen Ansprechpartner für die Impulsgeber zu sein und zudem bei Bedarf in einem Vor-Ort-Coaching Personen und Prozess aktiv zu unterstützen.

Begleiter begleiten Veränderungsbegleiter – auch sie brauchten ein Verständnis der Gesamtbewegung. Der Erfolg der Impulsgeber hing entscheidend davon ab, dass auch die Veränderungsbegleiter in diesen Prozess miteinbezogen wurden. Das Vernetzen dieser Gruppe war wichtig, damit ein gesamthaftes Denken und Handeln anfangen konnte. Dazu wurde ein Workshop ausgerichtet, der die Veränderungsbegleiter über den Prozess und ihre Rolle aufklärte.

ABSCHLUSS BEZIEHUNGSWEISE NEUANFANG WERKSTATT: Den Abschluss bildete eine große Werkstatt mit allen »alten« 150 Impulsgebern und zusätzlichen 150 »neuen« Impulsgebern. Die bisherigen Kulturarbeiter wählten Impulsgeber aus der Organisation aus, die dann wiederum die Möglichkeit hatten, sich in Gruppen zu treffen, gemeinsam zu lernen und neue Banden zu gründen ... So fanden mit der Zeit viele Impulsgeber Zugang zu diesem übergreifenden Prozess der kontinuierlichen und hoch vernetzten Kulturentwicklung.

Jemand, dem wir die Arbeit der Impulsgeber einmal erklärten, stellte fest: »Wer so was macht, muss schon ein bisschen verrückt sein?!« Die Antwort, die wir gaben, kann man sich denken ...

Digitale Kulturentwicklung

»Alles was digitalisiert werden kann, wird digitalisiert.« – Wenn es stimmt, dass in der Zukunft alles anders werden soll (man darf beruhigt sein, das war auch schon so, als wir noch Zukunft waren …), dann werden wir uns mit einem anderen Kommunikationsverhalten auseinandersetzen müssen. Schon heute verneigen sich alle im Stehen, Sitzen und oft auch beim Gehen vor ihrem Smartphone und kommunizieren. Die, die sich mit der Zukunft auskennen, erwarten mehr Kommunikation mittels Medien und Digitalisierung von allem, was digitalisiert werden kann. Auch Beratungsunternehmen arbeiten an der Digitalisierung ihrer Produkte. Das dürfte Expertenberatungen leichter fallen, als den Beratern für die der Beziehungsaufbau zu Menschen zentral ist.

Dennoch darf man annehmen, dass Organisationsentwicklung zunehmend medienvermittelt geschehen wird. Berater werden nicht mehr vor Ort sein müssen, weil es die Kunden ebenfalls nicht sind. Die Schwelle, schnelle beraterische Interventionen, die bisher nur im direkten Kontakt geschahen, nun online zu nutzen, wird sinken. Und das wohl in dem Verhältnis, in dem die Zahl der Digital Natives steigt.

Coachings, Teamberatungen, Teamentwicklungen, Workshops, Trainings, Meetings, Change-Kommunikationen werden digital. Unternehmen experimentieren damit, einfache Moderationen – zum Beispiel standardisierte Folgeworkshops von Mitarbeiterbefragungen – computergestützt durchzuführen. Das Team folgt den Interventionen des Moderationsprogramms.

Will man die Bilder von prozessorientierten Beraterrobotern nicht zu naturalistisch malen und man darf vermuten, dass nach dem digitalen Hype etwas Vernünftiges übrig bleibt, taucht dennoch die spannende Frage auf, wie es gelingen kann, analog gewachsene Formate einem smarten Kommunikationsverhalten anzupassen.

Drei Beobachtungen wollen wir anführen, die wir als Entwicklungstrends deuten könnten und auf die wir in unserer Rolle als Prozessberater digital reagiert haben:

- Viele Teams in Unternehmen vernetzen sich zunehmend digital. Interne Kommunikationsplattformen, Short Messages und Varianten davon sind mittlerweile etabliert. Sie helfen bei der Bereitstellung von Informationen oder schnellen Abstimmungsfragen.
- Agile Arbeitsformen verflachen Hierarchien noch mehr. Die direkte Führungsarbeit des mittleren Managements wird weniger oder fällt ganz aus. Selbstführung wird bedeutsamer und Führungsspannen (allerdings ohne praktizierte Führung) werden wieder größer.
- Permanente Transformation wird zur Baseline des Arbeitslebens. Mehr Eigenverantwortlichkeit in agilen Strukturen braucht mehr Austausch, Einbezug und Transparenz. Autonome Arbeitsstile agiler Teams erhöhen den Bedarf an Dialogen.

Als Organisationsentwickler sind wir nun selbst gefordert, uns zu verändern: Wie funktionieren die neuen digitalen Möglichkeiten? Was gibt es alles? Als Beziehungsmenschen suchen Organisationsentwickler häufig den direkten Kontakt zu den Menschen und direkt heißt: Vor-Ort-Treffen. Auch die verschiedenen Medien, die genutzt werden, erfordern einen Umgang. Wir zeigen nun einige Fragen, Ideen und Wege auf, wie wir in Organisationen mit diesen Themen umgehen.

ORGANISATIONEN HABEN AUCH EINE DIGITALE KULTUR

Neben den analogen Gremien, Kreisen und Meetings in denen kommuniziert wird, gibt es inzwischen in den Unternehmen eine zweite digitale Kommunikationsebene, die ebenso wichtig ist wie die analoge. Neben der selbstverständlichen Nutzung interner E-Mails nutzen viele Unternehmen Plattformen und interne Messenger-Dienste zur digitalen Vernetzung ihrer Mitarbeiter. Hier finden Austausch, Information, Diskussion, Klatsch und Tratsch wie im Analogen statt. Helfen Organisationsentwickler bei der Gestaltung einer besseren Kommunikationskultur eines Unternehmens mit, so geschieht das inzwischen ebenfalls digital.

Vielleicht stimmt die Beobachtung des Zusammenhangs, dass mit der zunehmenden Verbreitung digitaler Medien in der Gesellschaft das Bedürfnis nach Transparenz und Mitsprache in Organisationen gestiegen ist. Wer sich privat sekundenschnell und dutzende Male täglich über das Weltgeschehen informiert, wer auf alles kommentierend mit Likes und Dislikes reagieren kann, der möchte das auch im Kontext der Arbeit tun.

Es ist schon fast eine Plattitüde, dass die digitale Kommunikation die analoge nicht ersetzen kann. Den Nachteilen einer durch die technischen Kanäle reduzierten Interaktion stehen jedoch einige Vorzüge gegenüber: vor und nach Workshops wird das Networking einfacher. Auch zwischen Teilnehmern und Beratern sind leichtere Kontaktaufnahmen möglich. Bei einer internen Nutzung, zum Beispiel innerhalb mehrerer Führungsebenen, können über Abfragen schnelle gemeinsame Einschätzungen ermöglicht werden. Wir schaffen so neben den üblichen Gremien eine digitale Führungskoalition. Erfahrungsgemäß gibt es bezüglich der Nutzung solcher Medien bei den Digital Immigrants durchaus Vorbehalte.

Wir beschreiben nun digitale Kommunikationskontexte und Möglichkeiten für Organisationsentwickler, darauf Einfluss zu nehmen.

ERSTENS: VIRTUELLE TEAMS. Gruppen in Organisationen führen sich zunehmend mehr selbst. Eine Führungskraft ist für bestimmte Themen nicht nötig, weil das Team sich selbst führt. Dementsprechend benötigen sie eine Plattform, auf der sie sich austauschen können.

VORTEILE VERTEILTER TEAMS	NACHTEILE VERTEILTER TEAMS
• hoher Grad an Selbstorganisation • Reduktion von Anfahrts- und Abfahrtskosten der Teammitglieder • Optimierung der Zeitressource	• geringe Identifikation mit der Organisation/dem Team • Unsicherheit bezüglich der Aufgaben, Rollen … • Gefühl der Isolation • Schwierigkeit, Vertrauen aufzubauen • Schwierigkeit des Feedbacks • Missverständnisse und Konflikte entstehen leichter

METHODE: DIE KÜCHE VIRTUELLER TEAMS

KURZBESCHREIBUNG: Vernetzen über einen Messenger: gemeinsame Küche des Teams.

INHALT UND ZIELSETZUNG: Kommunizieren in einem Team, das orts- und zeitunabhängig zusammenarbeitet. Zum einen geht es um den *virtuellen Aspekt* der Teamarbeit und zum anderen um das *Team* selbst. Während die Arbeit im Team eher über die technischen Kommunikationsmöglichkeiten organisiert wird, liegt hier der Schwerpunkt in der Erschaffung eines Raums, der dem Team ein Heimatgefühl ermöglicht. Wir nennen diesen Raum »Küche«.

TEILNEHMER: Team bis 30 Personen.

ABLAUF: Zunächst einigen wir uns auf eine Messaging-App. Die technische Einigung ist bereits Teil des Prozesses, denn hier wird deutlich, wie das Team und die Organisation mit dem Thema umgeht (Ist WhatsApp erlaubt? Hat jeder ein Mobiltelefon und kann die App installieren?). Anschließend wird ein Moderator auf Zeit gewählt: Jeder sollte die Aufgabe des Moderators einmal übernehmen. Jedes Teammitglied hat eigene Vorlieben für Rituale und Nachfragen. Und es ist wichtig, dass die Kommunikation nicht einschläft, daher ist ein Conferencier unerlässlich, der das Gespräch am Laufen hält.

Weitere Ideen für Initiativen sind:

- Rolle des Scouts etablieren: Jemandem die Rolle des Spähers übergeben, der nach neuen Informationen in der Organisation sucht und davon berichtet.
- Spezielle Themen fokussieren: »Weiterbildung«, »Umgang mit der Kommunikationsflut«, »Kultur« und sich dazu austauschen.
- Suchen und finden: Jeder kann oder hat etwas, was der andere lernen oder haben möchte. Eine Tauschbörse der besonderen Art.
- Fragen nach Stimmungen
- Fragen nach neuen Entwicklungen
- Nach zwei Monaten erfolgt ein kurzes Blitzlicht: Machen wir weiter? Wollen wir etwas verändern? Arbeiten wir besser zusammen? Wenn ja oder nein, warum oder warum nicht?

ANMERKUNG ZUR WIRKUNGSWEISE: Hier kann eine Kultur im Team erwachsen, die die sonstige Arbeit prägt. Wichtig ist, dass es kein Zwang ist und es Zeiten geben darf, wo nicht so viel gesprochen wird. Am Anfang ist in ungeübten Gruppen Geduld und Ausdauer notwendig.

PRAXISTIPP: Gut ist, wenn Privates von Beruflichem getrennt wird (zum Beispiel durch eine App, die nur beruflich benutzt wird). Viele Menschen fühlen sich im beruflichen Kontext schnell von häufigem oberflächlich-privatem Austausch belästigt. Daher sollte man als Moderator darauf achten, die Küche zu »putzen« und putzen zu lassen und Einzelne darauf hinweisen beziehungsweise mit der Gruppe kurz in den Austausch gehen.

ZWEITENS: DIGITALE FÜHRUNG. Führungskultur im digitalen Zeitalter bedeutet mit Offenheit, Vernetzung, Partizipation und Agilität umzugehen. Die Komplexität und Dynamik der Digitalisierung erfordert es, Informationen offenzulegen, nicht nur Daten und Maschinen, sondern auch Wissens- beziehungsweise Kompetenzträger zu vernetzen, die verfügbare Erfahrung und kollektive Intelligenz zu nutzen und auf Veränderungen zu reagieren. Führung findet manchmal über verschiedene Standorte und unterschiedliche Zeitzonen hinweg statt, oft in zunehmend heterogenen Gruppen mit großen Generations- und Kulturunterschieden.

WAS KANN FÜHRUNG DAZU BEITRAGEN? Im Kern geht es um den Einsatz der Technologien für die Beziehungsarbeit: Aufbau, Pflege und gegebenenfalls Verabschiedung. Führung ist immer auch Kulturarbeit – Unternehmenskulturarbeit. Digitale Kommunikation gilt es daher, bewusst zu nutzen und passgenau zu steuern. Dann kann Folgendes gelingen:

- Austausch zwischen Führungsebenen verbessern
- Informationsfluss beschleunigen und vereinfachen
- Beziehungen pflegen, auch auf Distanz (orts- und zeitunabhängig)
- Teamgeist stärken

METHODE: EINFÜHRUNG DIGITALER FÜHRUNG ÜBER MESSAGING-DIENST

INHALT UND ZIELSETZUNG: Führungsarbeit ist Beziehungsarbeit. Im digitalen Kontext bedeutet dies, auf Kommunikationsmedien zurückzugreifen, die die Mitarbeiter bereits nutzen. Gerade in virtuellen Teams kann dieses Medium helfen, Beziehungen zu gestalten (s. Methode »Die Küche virtueller Teams«, S. 131 f.). Dieses Format zeigt eine mögliche Einführung digitaler Führung.

TEILNEHMER: Führungskraft und Team.

ABLAUF:

- Auftrag mit der Führungskraft klären. Fragen dazu sind unter anderem: Was wird unter Führung verstanden? Warum soll digital geführt werden? Soll mit dem Team etwas erarbeitet werden? Wie vertraulich ist das in der App Gesagte? Wie geben Sie Feedback? Wie formulieren Sie Kritik? Wie verbindlich sind die Absprachen, die getroffen werden? Wie kann digital unterstützt werden? (Das muss nicht alles beantwortet werden, aber sollte am Anfang durchdacht werden.)

- Gegebenenfalls Auftaktveranstaltung mit Personalentwickler, Betriebsrat und höherstehender Führungskraft und Kollegen. Hintergrund ist die Akzeptanz in der Organisation. Je mehr Menschen Bescheid wissen oder mitmachen desto besser die Durchführung.
- Die Führungskraft bringt das Thema in einem Meeting oder Mailing ein. Gut wäre, es als Experiment zu bezeichnen, um die mögliche Hemmschwelle zu verringern.
- Alle Mitarbeiter werden in einem Messaging-Dienst vernetzt.
- Beginn des Dialogs. Mögliche Themen dabei sind:
  - Aufklären: Welche Themen sind hier erwünscht? Welche nicht?
  - Persönlich: Warum finde ich das wichtig?
  - Information: Es wird sofort in den Dialog einstiegen und über Wichtiges gesprochen.
- Reflexion: Reagieren die Mitarbeiter? Wie muss ich anders kommunizieren? Was möchte ich?

ANMERKUNG ZUR WIRKUNGSWEISE: Viele Teammitglieder empfinden die neue Kultur der offenen und zeitnahen Kommunikation als sehr hilfreich. Der eher inoffizielle Charakter bringt eine andere Nähe als der Austausch über E-Mails. Es gibt ein Zusammengehörigkeitsgefühl, jedoch ersetzt es keineswegs die analoge Kommunikation.

Grundvoraussetzungen zur Einführung sind.

- Das Team und die Führungskraft sitzen nicht an einem Ort oder treffen sich nur wöchentlich.
- Es besteht ein niedriges Kontrollbedürfnis und hohe Vertrauensbereitschaft.

- Beteiligung der Mitarbeiter (partizipativer Führungsstil) ist unerlässlich.
- Wichtig ist es, sensibel zu sein und Bedürfnisse auch ohne Face-to-face-Kommunikation zu erkennen.
- Die Fähigkeit, Gefühle zu benennen, ist gefordert.
- Medienkompetenz ist ebenfalls wichtig.

PRAXISTIPPS:

- Je offener und transparenter die Führungskraft in den Dialog einsteigt, desto offener sprechen alle miteinander.
- Es wirkt Sorgen und Ängsten entgegen, wenn das Thema als Experiment gesehen wird. (Die Führungskraft darf auch scheitern oder aufhören.)
- Es ist gut, prozessorientiert zu schauen, wie sich die Kommunikation entwickelt. Jede Führungskraft kann ihre Kommunikation verändern.
- Wir empfehlen die digitale Vernetzung der Peers (Führungskräfte) untereinander, sodass sie Fragen besprechen und sich Anregungen holen können.
- Wenn das Thema mehrere Führungskräfte bewegt oder bewegen sollte, dann gilt: Eine analoge Einführung über Sinn und Inhalt von »Digitaler Führung« (direkte und persönliches Gespräch – vielleicht auch eine Veranstaltung) erscheint uns wichtig, um die Führungskräfte ins Boot zu holen.

Oft sind Führungskräfte ein wenig hilflos, weil ungeübt, was sie schreiben beziehungsweise posten sollen. Daher hilft es den Führungskräften, viele Beispiele zu geben, was für Anlässe es geben könnte und welche Form diese haben könnten. Wir haben hier ein paar Beispiele aufgeführt.

WIE KANN DIGITALE FÜHRUNG KONKRET GELEBT WERDEN?	
ANLÄSSE	FORM DER KOMMUNIKATION
Bei Störungen oder dem Auftreten von Fehlern wird Hilfe benötigt.	direkte, schnelle Hilfestellung: Führungskraft oder Kollegen unterstützen
Beziehungsebene pflegen	Begrüßung am Morgen, kleine Zwischendurchnachrichten, Stimmungsabfragen
Ein neuer Mitarbeiter wird Teil des Teams.	Willkommensnachricht und Informationen, Offenheit für Fragen signalisieren
Ein Mitarbeiter kommt nach langer Krankheit zurück.	Willkommensnachricht
Ein Mitarbeiter verlässt das Team.	Abschiedsgruß, Anerkennung und Wertschätzung seiner Arbeit
Persönliche, vertrauliche Themen besprechen	Eins-zu-Eins-Gespräche mit einzelnen Mitarbeitern
Motivation der Mitarbeiter	Anerkennung besonderer Leistungen (zum Beispiel Beiträge Einzelner zum Teamerfolg hervorheben), gemeinsame Reflexion von bestimmten Ereignissen oder Aufgaben, über besondere Entwicklungen im Unternehmen informieren.
Eine neue wichtige Information taucht auf, beispielsweise gibt es Neuigkeiten zur Strategie.	Die Information wird an die Mitarbeiter weitergegeben, die es betrifft. Zudem: Offenheit für Nachfragen signalisieren, Diskussionsgruppe eröffnen, weiterführende Links posten (Sinn der Arbeit zeigen). Signalisieren: »You never work alone!«
Es tauchen Fragen seitens der Mitarbeiter auf.	digitale Sprechstunde, zum Beispiel ein fester Termin pro Woche
Es ist etwas schief gegangen.	Diskussion eröffnen, Lernpotenzial nutzen
Es taucht eine Aufgabe auf, die die Führungskraft nicht übernehmen kann.	Per App an einen Mitarbeiter vor Ort delegieren, die anderen Mitarbeiter darüber informieren
Die Kulturveränderung soll vorantrieben werden.	Eine Gruppe gründen, in der Ideen und Diskussionen rund ums Thema Kultur gewünscht sind (auch für andere Themen denkbar).

Generell soll die Vernetzung und Austausch im Team gefördert werden.	Zum Beispiel kann mit einer Gruppe zum Thema »Weiterbildung« gestartet werden. Die Mitarbeiter können sich dort eintragen oder jemanden suchen, der etwas kann oder weiß, was er gern lernen möchte.

DRITTENS: KOLLEGIALE FALLBESPRECHUNG WIRD ZU DIGITALER FALLBERATUNG. Eine Fallbesprechung löst keine Probleme. Sie verschiebt nur Sichtweisen, kann aber helfen, aus dem Kreislauf des immer Gleichen auszubrechen. Vielleicht ist es nur ein soziales Ritual, das benötigt wird, um etwas Neues zu beginnen. Im Grunde ist eine Fallbesprechung ein Anstoß, wieder kreativ zu werden. Bei dieser Idee folgen wir Steve de Shazer: Gib nur einen kleinen Anstoß, damit der Klient etwas anders sehen kann und damit anders machen kann. Kollegiale Fallbesprechungen kann man als Klassiker bezeichnen und sie sind in der Beratungsarbeit notwendig. Hier die Methode als Übersicht:

METHODE: KOLLEGIALE FALLBERATUNG

Die Moderation des Prozesses erfolgt durch einen Moderator beziehungsweise erfahrenen Kollegen.

1.	Schilderung des Anliegens durch den Fallbringer (FB)	Der FB schildert dem Moderator seine Fragestellung: • Thema • Hintergründe • Kontext • Beteiligte • bisherige Lösungsversuche
2.	Klärungsfragen zum Anliegen durch das Reflecting Team (RT)	Das RT klärt zusätzliche Verständnis-fragen zum Anliegen. Bitte noch keine Äußerung von Hypothesen und Lösungs-versuchen durch das RT.
3.	Hypothesenbildung durch das RT	Das RT tauscht Eindrücke, Meinungen und Hypothesen zum Problem aus. Der FB hört ausschließlich zu.

4.	Kommentierung der Hypothesen durch den FB	Der FB kommentiert, selektiert die Hypothesen. Der FB konkretisiert gegebenenfalls das Anliegen mit dem Moderator. Das RT klärt bei Bedarf Verständnisfragen.
5.	Entwicklung von Lösungsoptionen durch das RT	Das RT formuliert Lösungsoptionen für den FB. Der FB hört ausschließlich zu.
6.	Auswahl nützlicher Handlungsoptionen durch den FB	Der FB kommentiert und priorisiert die Lösungsoptionen. Der FB entwickelt seinen persönlichen Maßnahmenplan.
7.	Gemeinsame Auswertung des Prozesses	Gemeinsam wird der Lernprozess reflektiert; Feedback gegeben.

Seit es digital möglich ist, reflektieren auch wir unsere Arbeit über einen Messaging-Dienst. Der digitale Kontext hilft Themen neu zu durchdenken, zu verfremden und frische, neue Perspektiven zu entwickeln. Welche Vorzüge gegenüber analogen Fallbesprechungen gibt es?

- Die Gruppe kann individuell und thematisch passend zusammengestellt werden (je nachdem, wen man zum Thema passend findet). So können zum einen intern Fallbesprechungen erfolgen, zum anderen firmenfremde Menschen miteinbezogen werden, um den Dialog durch andere Denkweisen und Impulse zu bereichern. Die digitale Plattform erlaubt es, mit Menschen unterschiedlichster Richtungen – Manager, Personaler, Berater, Studierende und anderen – in Kontakt zu treten.
- Reduktion ist der Mehrwert: Wenn wir über die digitale Fallbesprechung reden, dann formulieren wir häufig Entschuldigungen der Art, dass das Digitale das Analoge nicht ersetzen könne. Wir meinen aber, dass wir gerade die scheinbaren Nachteile des Digitalen in Vorteile verändern könnten. Wenn wir in Gruppen arbeiten, arbeiten wir meist mit einer unterbrochenen oder gebrochenen Kommunikation. Wir verlangsamen Kommunikati-

onssequenzen oder sorgen für indirekte Kommunikation oder für Kommunikation über die Kommunikation. So verändern wir Kommunikation (und damit Sichtweisen) – wir kommen vom direkten Gespräch zum indirekten Gespräch.
Genau das schafft eine digitale Fallbesprechung ebenso. Wir führen kein direktes Gespräch, sondern eines, das durch ein Medium vermittelt wird. Diese Reduktion, diese Fokussierung ist die Stärke des Digitalen. Zuhörer lassen sich nicht ablenken, nicht irritieren, sondern konzentrieren sich nur auf das geschriebene Wort. Und gerade die Art der Reduktion oder Verfremdung, die geschieht, wenn wir schreiben, ermöglicht eine graduell andere Beschreibung eines Sachverhalts und damit möglicherweise eine veränderte Perspektive auf den Sachverhalt. Der scheinbare Mangel an Sichtkontakt oder Beziehung ist ein Vorteil.

- Analytische Dekonstruktion des Problems: Die meisten Probleme sind gekennzeichnet durch einen Mangel an Kreativität oder Spontaneität bezogen auf die Lösungsversuche. Der Eindruck, etwas sei ein Problem, ist immer verbunden mit dem Gefühl, man habe schon alles versucht und könne das Problem nicht lösen, weil es so groß sei. Problembesitzer denken häufig, der Formenkreis aus dem ihr Lösungsversuch stamme, sei der einzig Mögliche. Wenn die Lösung nicht funktioniert, schließen sie daraus: Das Problem ist groß. Und sie schließen nicht: Die Lösung ist falsch. Die Ursache-Wirkung-Analyse des Problembesitzers könnte auch umgekehrt gelesen werden. Lösungsversuche halten Probleme aufrecht. In digitalen Fallbesprechungen sollte der Dekonstruktion der beschriebenen Zusammenhänge durch den Berater viel mehr Zeit gewidmet werden.

Folgende Fragen gilt es zu klären:

- Problemgewinn?
- Welche Lösungsversuche stabilisieren das Problem?

- Was ist das Belief-System (Ursache-Wirkung-Lösung) des Klienten?
- Welche biografischen Muster werden wiederholt?

METHODE: DIGITALE FALLBERATUNG

Kurzbeschreibung: In der Regel gliedert sich die Fallberatung wie im analogen Gespräch. Es kann an bestimmten Stellen davon abgewichen werden – wir haben nachfolgend unsere Erfahrungen aufgeschrieben, wo es schwierig war und wo auch anders gehandelt werden kann.

ERSTE PHASE: FALLBRINGER SCHILDERT SEINEN FALL

- Fallbringer kann auch einen Film drehen und diesen verschicken.
- Eine Zeichnung wird in der App angehängt.
- Der Moderator interviewt die Gruppenmitglieder.

ZWEITE PHASE: VERSTÄNDNISFRAGEN

- Hilfreich ist ein Zeitfenster vorzugeben, in dem gefragt werden kann (zum Beispiel nächster Tag 20:00 Uhr).
- Fallgeber kann jedem individuell antworten oder erst am Schluss.

DRITTE PHASE: HYPOTHESENBILDUNG

- Auch hier wird eine Zeit vorgegeben (zum Beispiel: zwei Tage).
- Möglich ist auch, einen virtuellen Ball in die Runde zu werfen und jeder Einzelne wird daran erinnert, seine Hypothese zu beschreiben.

VIERTE PHASE: KOMMENTIERUNG DURCH DEN FALLBRINGER

- Moderator hilft, die Aussagen zu strukturieren und zusammenzufassen (manchmal gibt es sehr viele Aussagen).
- Moderator hilft dem Fallbringer zu reflektieren und sich Klarheit zu verschaffen.

- Manchmal reicht der Austausch bis hierher: Dennoch folgt die Frage »Möchtest du von der Gruppe auch noch Lösungen erfahren?«

FÜNFTENS: LÖSUNGEN ENTWICKELN

- Ähnlich wie in der Phase der Hypothesenbildung wird hier eine Zeit gegeben, wo die Gruppenteilnehmer ihre Lösungen aufschreiben oder zeichnen können.
- Anders als im analogen ist es möglich (sogar manchmal besser), wenn der Fallbringer sofort zu einzelnen Lösungen eine Rückmeldung gibt.
- Da der Prozess schon einige Tage dauert, ist es die Aufgabe des Moderators hier zu »animieren«.

SECHSTENS: FEEDBACK UND SHARING (SEHR INDIVIDUELL)

- Schwierig ist manchmal, den Fokus konsequent auf dem Thema zu behalten (Menschen werden gern von anderen Themen abgelenkt).
- Ist das Thema sehr groß, kann ein Medienwechsel erfolgen oder ein Termin vereinbart werden, an dem das Thema zu einem Abschluss geführt wird.

VIERTENS: CHANGE-KOMMUNIKATION: ALLE WISSEN BESCHEID. In Zeiten der Veränderung sollte viel kommuniziert werden. Mit den digitalen Medien gibt es weitere Möglichkeiten, dies auch wirklich zu tun. Oftmals werden in Change-Prozessen Informationen zurückgehalten oder Wiederholungen erscheinen unnötig. Eine geteilte Information (alle wissen Bescheid …) und die daraus resultierende Einschätzung (… und wissen, was jetzt zu tun ist) der Führungskräfte wäre sinnvoll, um die Dynamik zu erzeugen, die für den tiefgreifenden Veränderungsprozess notwendig ist.

Der angelaufene Veränderungsprozess braucht eine Kommunikation, die folgende Zielsetzungen erfüllt:

- Die Lage wird inhaltlich und emotional deutlich: Welche Probleme haben wir? Welche Probleme kommen noch auf uns zu?
- Die Konsequenzen daraus werden deutlich: Welche Lösungen haben wir? Wie arbeiten wir daran?
- Inhalte und Art und Weise der Kommunikation ermutigen zur Veränderungsarbeit: Wie können wir an der Veränderung mitarbeiten?
- Die Kommunikation erzeugt durch konkrete Handlungsaufforderungen eine Dynamisierung der gesamten Organisation.
- Die Kommunikation stärkt die Führungskoalition, indem sie den Führungskräften das Gefühl gibt, verantwortungsvolle Gestalter des Veränderungsprozesses zu sein.
- Die Form der Kommunikation ist innovativ und Teil der Veränderung.

Im Folgenden haben wir unsere Thesen über Change-Prozesse, die sich trotz unterschiedlicher Bereiche und Organisationen doch nicht so häufig voneinander unterscheiden, zusammengestellt.

INFO: THESEN ÜBER CHANGE-PROZESSE

- Wir vermuten, dass die Führungskräfte keine einheitliche Perspektive und Einschätzung über die Lage des Unternehmens haben.
- Wir vermuten, dass die Informationslagen und Einschätzungen sehr heterogen sind und in Abhängigkeit zur (informellen) Nähe zu den Führungskräften.
- Wir vermuten, dass die Führungskräfte und Mitarbeiter, die im Veränderungsprozess involviert und aktiv sind, die Informiertheit der gesamten Organisation (zwangsläufig) überschätzen.
- Die Arbeit an einer gemeinsamen Informationslage und deren Einschätzung fand bisher nur punktuell statt und stand noch nicht im Fokus der Anstrengungen.

FORMAT: CHANGE-KOMMUNIKATION

INHALT UND ZIELSETZUNG: Alle wissen Bescheid.

LERNKONZEPT: Change-Konzept.

TEILNEHMER: Kleingruppen und Großgruppe.

DAUER: So lange wie nötig.

RESSOURCEN: Gemeinsame Kommunikationsplattform für alle Beteiligten.

ABLAUF:

- Die oberste Führungskraft und »ihre« Führungskräfte vernetzen sich digital über Smartphones.
- In kurzen Intervallen werden Zahlen, Daten, Fakten, andere Informationen, Fragestellungen, Feststellungen, Botschaften, Einschätzungen, Aufforderungen, Stimmungsabfragen, Stimmungsaufhellungen, Anekdoten, freudige Ereignisse, Scherze, Abstimmungsaufrufe und anderes mehr von der Führungskraft persönlich (oder in ihrem Namen, zum Beispiel durch eine Assistenz) über Smartphone weitergegeben.
- Antworten und Reaktionen der Teilnehmer werden aufgenommen.
- Kurze und verschiedene zeitliche Intervalle für unterschiedliche Präsentationsformate werden eingeführt: täglich, wöchentlich, monatlich, situativ.
- Verschiedene Präsentationsformate werden ermöglicht: SMS (Dreizeiler), Text (Fünfzeiler), Bild, Film, Dateien.
- Dialogische Formate werden einbezogen: zum Beispiel Antworten, Abstimmungen zu bestimmten Themen (Likes und Dislikes), Fallbesprechungen.

Hier noch ein Überblick über die Dialogformate und Anregungen, wie Kommunikation in der digitalen Welt gelebt werden kann.

DIALOGFORMATE IN DER DIGITALEN WELT	
schriftliche Nachrichten (Messages)	• neue Informationen (ZDF) • Botschaften • Einschätzungen • Erfolge (gegebenenfalls diejenigen erwähnen, die dazu beigetragen haben). Beschreiben oder diskutieren, was genau gut gelaufen ist. • Gruß zum Wochenstart oder Feierabend • Highlights, aber auch Lowlights (Was war heute besonders gut? Was war heute besonders schlecht?) • übergeordnete Themen (Diskussion, Rückmeldung) • Best Solution: Beste Lösung für … • Geschichten und Gerüchteküche • Stimmungsabfragen • Scherze
Video	• Interviews • kleine Filme über passende Themen
Bilder/Image	• Was passiert gerade in … (Oberste Führungskraft erzählt kurz etwas zu ihrem Standort.) • Bild der Woche oder des Monats
Audio	• Interviewauszüge • Was begegnet der obersten Führungskraft: Interviews von Menschen des Bereichs (kurzes Statement) oder auch woanders in der Organisation.
Dateien	• wiederholende Informationen

FÜNFTENS: GEMEINSAM LERNEN UND AUSTAUSCHEN: AFTER WORKSHOP PARTY. Nach den Treffen können die Impulsgeber in Verbindung bleiben und sich weiter austauschen. In kleinen Gruppen oder einem großen Austauschkreis bleibt es ein Gespräch.

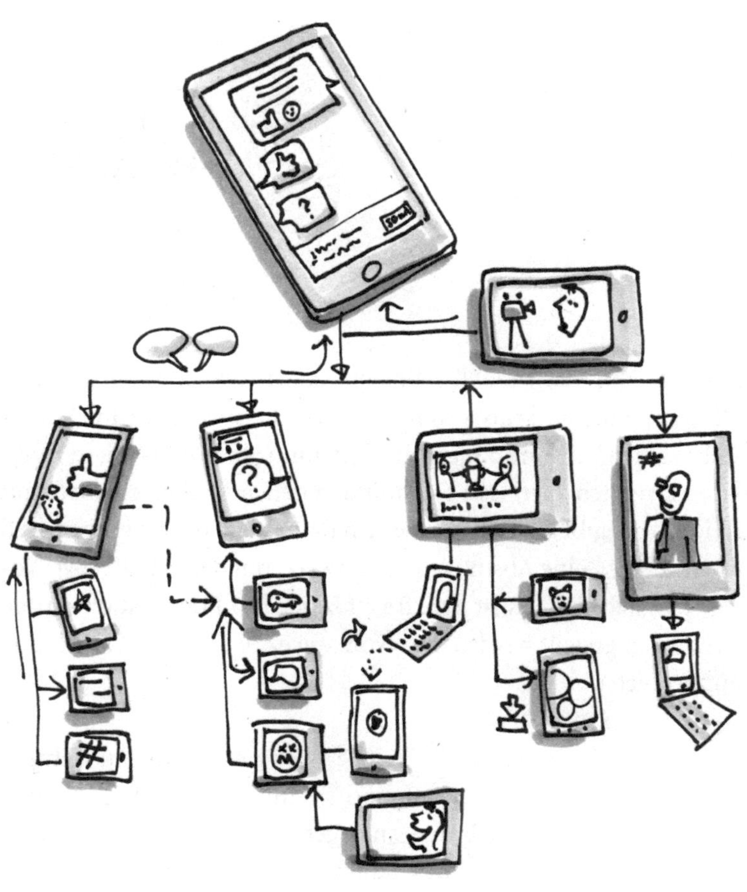

SECHSTENS: UNTERSTÜTZUNG WÄHREND EINES WORKSHOPS: ABSTIMMUNGEN. Jeder möchte gehört werden, vielleicht aber nicht im Mittelpunkt stehen. Abstimmungen und Meinungen hören – diese Interaktion zwischen allen lässt sich mit den neuen Medien ebenfalls gut erreichen. Es gibt viele Tools, die sich dafür eignen. Wir nutzen gern »Mentimeter«, eine Abstimmungssoftware, mit deren Hilfe Live-Votings möglich sind. Es ist eine freie Lizenz. Pro Präsentation dürfen zwei Fragen gestellt werden. Die Nutzung erfordert eine Anmeldung beim Anbieter.

SIEBTENS: DIGITALE WERKSTATT. Digitale Werkstätten sind auf virtuelle Teams zugeschnitten. Geeignet sind sie für Gruppen bis 50 Menschen. Sie bieten, ähnlich den analogen Werkstätten (s. Methode: Werkstatt auf S. 232 ff.), einen Rahmen für Kreativität. Das Werkstattkonzept gibt damit zunächst Bedingungen und Intentionen vor, verändert und individualisiert sich jedoch im Prozess seiner Entstehung. Der Prozess der Vorbereitung und Ausgestaltung einer Werkstatt durch die Beteiligten selbst ist Bestandteil der Dynamik, die durch Werkstätten ausgelöst wird. Sie werden dazu ermutigt, zu fragen, nachzufragen, weiterzudenken, sich zu kümmern, zu helfen, sich zu empören, sich zu engagieren, sich zu vernetzen und zu vielem mehr.

Gedacht ist an eine Werkstatt, die den Teilnehmern während der normalen Arbeitszeit zwischen 9:00 und 17:00 Uhr die Möglichkeit gibt, sich in Kurse einzuwählen. Diese werden über den ganzen Tag verteilt angeboten, sollten dann allerdings zu dem Zeitpunkt besucht werden, an dem sie stattfinden. Die Kurse finden also »real« statt und haben reale Teilnehmer, die entweder im Raum sitzen oder per Skype oder Videokonferenz zugeschaltet sind.

- THEMEN: Ein Großteil der Workshops sollte mit internen Trainern/Vermittlern besetzt werden. Die Themen werden von der Vorbereitungsgruppe bestimmt und bei Bedarf vorher bei den Teilnehmern abgefragt.
- TIMING: Analoge Werkstätten finden ganz selbstverständlich innerhalb eines Zeitrahmens (zwei oder drei Tage) an einem bestimmten Ort statt. Grundsätzlich besteht die Möglichkeit, eine digitale Werkstatt in die Länge zu ziehen. Wir würden das allerdings nicht empfehlen. Uns scheint es so, dass eine Werkstatt nur dann eine Impulswirkung hat, wenn sie in der digitalen Zerstreutheit relativ fokussiert und zeitlich punktuell stattfindet. Das heißt also, die beschriebenen Kurse sollten innerhalb von ein bis zwei Tagen stattfinden.
- INTERNES MARKETING: Die Werkstatt muss natürlich intern kommuniziert werden. Die Teilnehmer haben eine Auswahl an Kursen, für die sie sich einschreiben können. Attraktiv werden Werkstätten, wenn die Trainer zum Beispiel wichtige oder beliebte Führungskräfte sind.
- DURCHFÜHRUNG DER WORKSHOPS: Die Workshops finden in realen Räumen statt mit realen Teilnehmern. Sie werden durch digitale Teilnehmer, die über Skype vernetzt sind, erweitert.
- KULTURELLER ASPEKT: Durch die Selbstorganisation der Werkstatt, durch die eigenverantwortliche Übernahme von Workshops und dem Trainieren und Unterstützen der Kollegen entsteht eine eigene Lernkultur. Die Lernende Organisation wird real.
- FENSTER ZUM KOLLEGEN: Eine neue Idee für die Zusammenarbeit mit geeigneter Technik (Skype oder Ähnlichem) kann ein Bild-

schirm an einem geeigneten Ort installiert werden, der quasi als Fenster dient. Das Fenster (der Bildschirm) ermöglicht, durch Zuruf einen Kollegen von einem anderen Ort an den Bildschirm zu holen. Ein Gespräch wird so ganz informell und schnell möglich, auch die Möglichkeit für schnelle Zusammenkünfte ist dadurch gegeben.

Innovationen

»DIE MENSCHEN MÖGEN INNOVATION ALS ABSTRAKTES KONZEPT, ABER WENN MAN IHNEN IRGENDEINE SPEZIFISCHE INNOVATION ZEIGT, NEIGEN SIE DAZU, SIE ABZULEHNEN, WEIL SIE NICHT ZU DEM PASST, WAS SIE BEREITS KENNEN.« (JESSICA LIVINGSTON)

INNOVATIV SEIN BEDEUTET, ETWAS ANDERS ZU MACHEN. Die Quelle von Innovation und Veränderung ist Kreativität. Selten ist Kreativität in Organisationen abhängig von Individuen, sie ist häufiger das Ergebnis einer Gemeinschaftsleistung und eines Umfelds, das die Freiheit des Neudenkens ermöglicht. Dazu braucht es Mut, bestehende Grenzen zu überschreiten, nach neuen Räumen zu suchen, sich von Überraschungen und Unerwartetem inspiriert fühlen.

Ärgerlich ist für den Controller: Innovation kann man nicht messen. Sie ist eine Haltung, kein Produkt. Sie erst ermöglicht eigentlich Zukunftsorientierung, geht es doch darum, fremde und neue Probleme mit fremden und neuen Mitteln zu lösen. Innovationen erleben viele Stolpersteine in der Organisation: Von der Entstehung bis zur Umsetzung ist es ein langer Weg. Innovationen entstehen (oft) nicht von selbst und nicht en passant. Sie erfordern kräftige Investitionen an Zeit, Raum, Ressourcen und Vertrauen und einen starken Wertekonsens der Innovatoren, einen festen Bezug zum eigenen Wertesystem und zum Zweck und den Zielen der Organisation. Die Ausprägung der Unternehmenskultur hat dabei einen wesentlichen Einfluss auf die Innovationsfähigkeit einer Organisation. Folgende Werthaltungen sind einer erfolgreichen Innovationsaktivität förderlich:

- Möglichkeiten der Beteiligung und der Mitsprache, die Verantwortung ermöglichen

- eine Gemeinschaft oder zumindest Beteiligte, die sich austauschen und inspirieren
- eine langfristige Zeitorientierung
- Risikofreudigkeit
- Toleranz gegenüber Fehlschlägen
- Unternehmergeist
- Flexibilität

INNOVATIVE RAUMGESTALTUNG: Vielfach werden Räume besonders die Kreativität unterstützend eingerichtet, um das Netzwerken und Kreativsein zu ermöglichen. Schöne Beispiele für eine innovative Raumkultur bieten etliche der »jüngeren« Firmen, die wir bisher sehen durften.

- Zentrales Element ist oft die Küche mit Kaffeemaschine – gerade dann, wenn sich ein Stau vor der Kaffeemaschine bildet, entstehen Kommunikationsräume (der ist besonders lang, wenn eine Siebträgermaschine vorhanden ist).
- Tischkicker und andere Spiele (Indoor-Boule, Boxsack, Computerspiele) stehen bereit und werden auch genutzt.
- Social Space: Sofas und Liegen zum Treffen, Ausruhen, Essen
- Besondere Räume: Musikzimmer (Angebote zum gemeinsamen Singen), Fitnessräume (gemeinsam Sport machen)
- Kreativ-Workshop-Räume mit beschreibbaren Wänden, veränderbaren Sitzmöbeln, allerlei Spielzeuge

EXKURS: AUFKLÄRUNGSFRAGEN ZUM THEMA INNOVATION

- Wie schafft es eine Organisation, flexibel und innovativ zu sein?
- Wie wird in einer Organisation ausreichend Raum und Zeit für Innovationen geschaffen?
- Wie erhalten Mitarbeiter in einer Organisation mehr Freiräume für Innovationen, ohne dass die Ordnung des Betriebes verloren geht?

- Wo liegen die größten Enttäuschungen?
- Wird Führung ersetzt werden durch etwas anderes?
- Wie müssen Menschen beschaffen sein, um in einer Organisation zu arbeiten? Was müssen sie lernen?
- Was würde Organisation verändern?
- Welche Idee würde Organisationen wirklich verändern?
- Wie wird Feuer entzündet in Menschen? Wie werden Menschen geweckt? Woher kommt Vertrauen in andere Menschen?
- Welche Ideen machen Angst?

WIE KÖNNEN ORGANISATIONSENTWICKLER DAS THEMA INNOVATION IN EINER ORGANISATION BEARBEITEN?

Gute Erfahrungen haben wir mit drei unterschiedlichen Ansätzen gesammelt:

- Der erste Ansatz beschäftigt sich mit Musterbrüchen in einer Organisation. Das sind die Themen, die bereits vorhanden sind und wie ein Schatz gehoben werden.
- Der zweite Ansatz bietet den Menschen in der Organisation die Möglichkeit, in die Zukunft zu schauen und sich mit einer Utopie auseinanderzusetzen, um danach zu entscheiden: So wollen wir sein! So wollen wir nicht sein! Oder so sind wir!
- Der dritte Ansatz reflektiert das Handeln in der Organisation und beschäftigt sich mit der Frage: Wie machen wir es eigentlich, dass unsere Ideen nicht umgesetzt werden?

ERSTER ANSATZ: EVOLUTIONÄRE MUSTERBRÜCHE

Eine Organisation handelt parallel offen und versteckt. Es gibt sichtbare Strukturen und Prozesse, die das Ziel von Veränderungsvorhaben sind. Versucht wird, einen Sollzustand zu definieren und danach zu streben, ihn zu erreichen. Eine andere Betrachtungsmöglichkeit von Veränderungsvorhaben wäre, sie eben nicht im Hinblick auf Ist versus Soll zu sehen, sondern die Energie dafür zu nutzen, aus den Latenzen der Organisation zu schöpfen. Latenzen sind verborgene, schlummernde und vielleicht sogar verbotene Lösungen im System. Stefan Kühl vertritt die Ansicht, dass Latenzen einen Zugang zu alternativen Organisationsstrukturen bieten können.

Was ist damit genau gemeint? – Es ist spannend, sich Latenzen in einem System näher anzuschauen. Dabei sollte man eher auf das achten, was (im Verborgenen) getan wird, als auf das, was getan werden soll. Es ist wichtig, hier sensibel nach Themen zu suchen, die in der Organisation nicht – offiziell – wahrgenommen werden. Es gilt, diesen Schatz zu heben: unentdeckte, schlafende, aufgegebene oder gescheiterte Prototypen. Prototypen für das Handeln einer Organisation zu finden, die von der Regel abweichen, sie jedoch wettbewerbsfähig halten oder werden lassen. Verborgene Strukturen sind (Kühl/Moldaschl 2010, S. 232):

- AUSGEBLENDETE ALTERNATIVEN: Es gibt mehrere Möglichkeiten, ein Ziel zu erreichen – nicht genutzte Alternativen werden in Organisationen gern unsichtbar gemacht, weil sie den eigentlichen Prozess irritieren würden. Als Ablenkung vom täglichen Handeln könnten sie zur Trägheit beitragen, da man permanent damit beschäftigt wäre, zu überlegen, wie man es anders oder besser machen könnte.
- REGELABWEICHUNGEN: Offizielle Strukturen können nicht alles erfassen, was in der Organisation zum Erfolg des Gesamtwirkens notwendig wäre. Unsichtbares unterstützt und unterläuft somit das Gesamtsystem. Regelabweichungen wirken im Verborgenen, weil sie im Offenen nicht erwünscht sind und sanktioniert würden.

Wir gehen davon aus, dass die im Verborgenen stattfindenden evolutionären Musterbrüche diejenigen Handlungsmuster für die Organisation sind, die sie verändern können. Als Ausnahme sind sie bereits da: Lösungen können nur im System gefunden werden und unser Ansatz bietet hierfür eine besondere Herangehensweise.

Labyrinth

INSELHOPPING ZU DEN MUSTERBRÜCHEN: Nicht nur Strukturen und Prozesse sind als Musterbrüche hervorzuheben, sondern jedwede Art des Handelns in Organisationen, die von der Regel abweicht. Es gibt eine Praxis des gelebten Anderstuns. Muster werden dort gebrochen, wo etwas nicht nach den gewohnten Spielregeln oder Kommunikationsspielen passiert. Mit einzigartigen Lösungen finden querdenkende Muster Mittel und Wege, sich im Wettbewerb Vorteile zu erarbeiten. Sie leben im Sowohl-als-Auch. Sie bringen etwas auf den Prüfstand, was sonst nicht hinterfragt wird. Sie holen das Verborgene ins Offene. Sie schauen hin. Sie bauen um. Sie organisieren anders. Sie sind sich bewusst, dass sie sich entscheiden nach dem Motto: »Es gibt Probleme und viele Lösungen – egal, wofür du dich entscheidest, du wirst auf neue Probleme stoßen.« Diejenigen, die Muster brechen, wollen versuchen, eine besondere Form zu finden –

gegen die gewöhnlichen bequemen Routinen. Dabei müssen das keine großen Veränderungsprozesse sein, auch die kleinen Dinge und Themen machen glücklich. Es folgen einige Beispiele zur Verdeutlichung:

BEISPIEL: EVOLUTIONÄRE MUSTERBRÜCHE IN DER PRAXIS

FÜHRUNGSSTIL WIRD VERÄNDERT: Auf einem Werksgelände herrschten Kontrolle und Misstrauen – durch eine veränderte Struktur schaffte die Führungskraft mehr Zutrauen und eine gerechtere Aufgabenteilung unter den Mitarbeitern, und sie ließ sie darüber hinaus mitsprechen und mitentscheiden. Diese Führungskraft erreichte das, was andere Werke nicht erreichten – eine höhere Mitarbeiterzufriedenheit, Vertrauen in das eigene Handeln und in die Organisation.

ALLE MODERIEREN: Besprechungen und Workshops wurden in dieser Organisation oft von den Führungskräften selbst durchgeführt. Dies stand so in ihren Zielvereinbarungen. Letztendlich liegt dieses Handwerk aber nicht jedem, und eine Führungskraft wagte die Übergabe an die Mitarbeiter, die die Sitzungen in wechselndem Modus moderierten. Das klappte gut. Als das bekannt wurde, folgten viele ihrem Beispiel.

RADIKALE REDUKTION VON BESPRECHUNGEN: Eine Führungskraft hatte den Mut, Besprechungen radikal zu verringern. Erst im Geheimen – aus Angst vor Sanktionen. Über einen längeren Zeitraum hinweg konnte die Führungskraft das Nichtstattfinden der Meetings jedoch nicht verheimlichen und erzählte daher den Kollegen ganz offen, was sich durch die Verringerung verändert hatte.

BELOHNE DICH SELBST: Boni-Systeme sind schwierig für Organisationen, weil die Belohnung der Arbeit die Mitarbeiter unter Umständen mehr beeinflusst als die Arbeit selbst. Es werden Handlungen getätigt, die nur etwas mit dem Bonus zu tun haben. Wie viel es wohl allein kostet, wenn sich die Mitarbeiter über ihre Boni unterhalten? Boni sind meist zu komplex und ungerecht. Wenn der eine für dieses belohnt wird, wieso der andere dann nicht für das? Ein Teil eines Unternehmens wollte diese Form nicht mehr und entschied sich – unter Einbeziehung von Betriebsrat und Mitarbeitern – für eine radikal andere Lösung, die alle gemeinsam erarbeiten sollten. Dieser Prozess brauchte seine Zeit, doch die Lösung war schließlich nachhaltig und das Thema verschwand aus den täglichen Gesprächen. Dieser Vertrag wurde als Vorbild für andere Bereiche übernommen.

INNOVATION INNOVATIV: Wo darf Innovation innovativ sein? Wo Konserven konservig? Ein Forschungs- und Entwicklungsbereich möchte innovativ sein und Produkte für den Weltmarkt entwerfen, Innovationen werden in aufwendig gestalteten Kreativworkshops versucht. Wenn Innovation in Konserven entsteht, ist sie meist nicht wirklich anders als alles andere. Selten wird aus solchen Workshops etwas Neues entwickelt – sie sind lediglich eine gute Ablenkung von den im Hintergrund entstehenden Innovationen. Innovationen entstehen in vielen Fällen ungeplant – Zeit, um darüber nachzudenken, hilft. Ein Bereich gibt seinen Mitarbeitern wöchentliche Konzeptzeit, um Themen anders zu denken, ein anderer Bereich einen Tag im Monat – diese Zeit steht zur freien Verfügung für Denken oder Tun.

WIE KÖNNEN MUSTERBRÜCHE GEFUNDEN WERDEN? Die Veränderung eines Systems kann nur von innen passieren. Dazu werden Impulse von außen benötigt, doch die Veränderung können nur die Menschen als Handelnde vollziehen. Menschen, die das Gewohnte verändern wollen, sind die echten sozialen Stars. Das können Führungskräfte sein, aber auch Mitarbeiter. Sie hinterfragen das Wie im Was, sehen nicht nur die Effizienz, sondern auch die Vielfalt. Von diesen Inseln geht eine Energie aus. Sie zu finden ist erholsam (auch für Berater). Kommen die Musterbrüche auf die Bühne, können andere nur noch (zu)schauen. Dabei soll nicht Best Practice kopiert und ausgerollt, sondern lediglich das Ungewöhnliche wahrgenommen werden: Jeder Bereich hat seine eigenen Muster, die in Augenschein genommen werden können. Leider sind Muster nicht kopierbar, aber sie bringen eine Energie, nach der sich viele sehnen, eine Energie, die ihnen signalisiert: »Es geht.« Am besten verbreitet sich etwas, wenn es eine positive Ausstrahlung hat.

Bemerkt werden diese Musterbrecher nur, wenn sie betreut und gepflegt werden. Aufmerksamkeit und Förderung durch die Führungskräfte sind wichtig, damit Musterbrecher leben können. Musterbrecher benötigen Menschen, die ihr Handwerk erweitern und weiterlernen können. Dazu wird Freiraum benötigt: Tritt eine Führungskraft nicht aus dem Strudel des Alltags hinaus, ist sie keine Hilfe für den Bereich. Distanz ist notwendig, um die richtigen Dinge zu tun. Welches Businessproblem haben wir? Welchen Druck spüren wir? Was steuert uns? Was können wir Gutes für die Organisation tun? Oder für die Kunden? Oder für unser Ziel beziehungsweise unsere Strategie?

MERKMALE DER MUSTER UND MUSTERBRÜCHE:

- RADIKALITÄT: Manchmal hilft nur die Keule – also das Tun, und zwar mit Radikalität. Die Konzerne, von denen wir in diesem Buch schreiben, haben schon viel erlebt – vor allem redenderweise. In vielen Fällen fehlen radikale Entscheidungen oder starke Irritationen und Konsequenzen, damit die Organisationen diese Notwendigkeit auch spüren. Organisationen sind an Veränderungen gewöhnt, und die Keule muss schon richtig groß sein, damit sie wahrgenommen wird.
- MUSTER HELFEN, KOMPLEXITÄT ZU REDUZIEREN: Warum gibt es überhaupt Muster in Organisationen? Warum ist es manchmal hilfreich, sie zu verändern? Organisationen versuchen, sich selbst zu erhalten, indem die Menschen in ihnen das Bestehende aufrechterhalten und immer genau das tun, was sie schon immer

so getan haben (Muster). Wie ist es sonst zu erklären, dass die Menschen in einer Organisation gern tun, was vorgegeben ist? Organisationen sind funktional geprägt: Wenn ein Mitarbeiter in eine neue Firma kommt, kann er nicht einfach das machen, was er möchte, schon gar nicht etwas völlig anderes oder Neues, das vom bisherigen Weg abweicht.

- Die Zugehörigkeit zu einer Organisation ist nicht mit einer familiären Struktur vergleichbar, im Unternehmen muss der Mitarbeiter sich anpassen: an Hierarchien, Verantwortlichkeiten, Kommunikationswege – ansonsten wird er sanktioniert oder ausgestoßen. Der Mitarbeiter richtet sein Handeln, sein Verhalten und die Kommunikation an diesen Regeln aus, und die Organisation stellt auf diese Weise sicher, dass die Mitarbeiter im Sinne der Organisation handeln. Die Deutsche Bahn wird also eher nicht auf die Idee kommen, plötzlich archäologische Expeditionen ins ewige Eis zu übernehmen – das gehört (noch) nicht zu ihrer Funktion.
- Nur so können Organisationen sich gegenüber ihrer Umwelt abgrenzen. Nur so haben sie eine Existenzberechtigung, weil sie durch ihre Strukturen einen selektiven Blick haben und sich dadurch gegen die Komplexität der Welt abschotten können. In Teilen der Managementlehre hat sich in diesem Zusammenhang die Metapher des Autos (der Maschine) durchgesetzt. Eine Organisation funktioniert demnach wie ein Auto, sie ist ein geschlossenes System – sie arbeitet nach Plan, hat einen eindeutigen Zweck und handelt durch ihre Einzelteile.
- Doch dieses Bild hat sich mittlerweile zunehmend aufgelöst: Organisationen sind nicht trivial, sondern, wie die systemische Theorie sagt, nicht triviale Systeme. Gemeint ist damit, dass Organisationen nicht wirklich steuerbar sind.
- Eine Organisation muss viele innere und äußere Anforderungen erfüllen (Politik, Gewerkschaft, Verbraucherschutz, Umweltschutz, Gesetze, Shareholder …). Eine Organisation teilt

sich die Arbeitsgebiete auf, sodass jeder Bereich eine andere Logik hat und verschiedene Ziele verfolgt. Ferner »lebt« eine Organisation in der Gegenwart und trifft Entscheidungen in einer »konstruierten Hier-und-Jetzt-Welt«; einer Realität, die sie sich macht und auf die sie sich bezieht. Eine einzig richtige Wahrheit gibt es nicht, die Realität entsteht durch Selektion. Es gibt in Organisationen nur wenige Möglichkeiten, in Wenn-dann-Programmen zu denken, sie sind lediglich in standardisierten Bereichen wie Fließband oder Callcentern sinnvoll. Wenn sich an dieser Stelle beim Leser alles im Kopf dreht, ihm schwindlig wird und sich auf der Stirn kleine Falten bilden, dann ist er richtig und genau dort angelangt, wo die Welt der Organisationen anfängt. Sie ist komplex und besteht aus einer Vielzahl von Widersprüchen und Verstrickungen.

- Weil das alles für den Menschen schwer aushaltbar ist, versucht er verständlicherweise, die Komplexität zu reduzieren, damit sich das Ganze nicht mehr so diffus und unsicher anfühlt. Die meisten Menschen geben ihre Ressourcen an die Organisation ab und möchten gemanagt werden. Sie sehnen sich nach einer stabilen Welt ohne Veränderung, an Muster, die dafür sorgen, dass sie sie verstehen. Jeder denkt: Irgendwann müssen wir doch einen Zustand erreicht haben, in dem alles gut ist. Auch danach werden Strukturen und Prozesse in Organisationen ausgerichtet. Mithilfe von Planung und Steuerung wird versucht, die steigende Komplexität zu regulieren. Darüber hinaus helfen Muster den Organisationen, die Komplexität zu reduzieren.
- Manchmal ist jedoch das Aufrechterhalten nicht hilfreich, weil nicht (mehr) wettbewerbsorientiert, nicht (mehr) kundenorientiert, nicht (mehr) zeitgemäß oder nicht (mehr) strategieunterstützend. Dann hilft es, nach Ausnahmen zu suchen, Ausnahmen, die passieren, ohne dass sie schon jemand bemerkt hat, oder … die bereits abgelehnt wurden.

- PARADOXIEN: Beruhigend ist das Suchen nach Musterbrechern in denjenigen Bereichen, in denen es sowieso widersprüchlich zugeht. Dort wird besonders deutlich: Es gibt nicht nur eine Lösung. Paradoxes Handeln ist in Organisationen keine Ausnahme, sondern Alltag. Hier einige Beispiele für Paradoxien in Organisationen:
  - Unternehmen benötigen klare Zielvorgaben, aber auch die Bereitschaft, jederzeit von diesen Zielen abzuweichen.
  - Prozesse sollen eingehalten werden, aber gleichzeitig muss für die Ausführung der Arbeit Verantwortung übernommen werden.
  - Mitarbeiter werden in Entscheidungsprozesse eingebunden, was zu einer insgesamt breiteren Sicht führt, aber die starke Einbeziehung der Mitarbeiter erschwert eine Fokussierung auf Themen.
  - Komplexität soll ausgehalten werden und Reflexionsschleifen sind erwünscht, aber gleichzeitig ist schnelles Handeln notwendig.
  - Ein partizipativer Führungsstil ist dem Unternehmen sehr wichtig, bei einer Führungsspanne von beispielsweise 100 Mitarbeitern ist das jedoch schwer umzusetzen.
  - Freiräume (für Innovationen, Entwicklung, Lernen) werden geschaffen, gleichzeitig ist aber eine Kultur des schlechten Gewissens spürbar: »Da steht meine Arbeitskraft der Organisation nicht zur Verfügung, und ich bin anderen eine Last, da sie meine Arbeit machen müssen! Also arbeite ich doch lieber mustergültig.«

EVOLUTIONÄRE MUSTERBRÜCHE

Zusammenfassend lässt sich festhalten:

- Evolutionäre Musterbrüche sind diejenigen Entwicklungen, die eine Organisation wettbewerbsfähig bleiben beziehungsweise werden lassen.

- Sie lassen sich auf der Ebene der Strukturen und der Prozesse oder in den Haltungen oder Handlungen finden.
- Sie sind Ausnahmen im System.
- Sie sind oft Energiebringer für andere Bereiche und Menschen.
- Sie sind radikal und irritierend.

WAS MUSS UNSERE ORGANISATION TUN, WENN SIE DIE VERBORGENEN, VERBOTENEN LÖSUNGEN FINDEN MÖCHTE? Zuallererst ist Hinschauen wichtig. Wege zu finden, die ein Hinschauen ermöglichen, um die Musterbrecher zu finden. Seltsamerweise fällt es den Beteiligten meist gar nicht so schwer, eigene Muster zu identifizieren und die Musterbrecher zu benennen. Ist das nicht so offensichtlich, kann man auf folgende Möglichkeiten zur Bewusstmachung zurückgreifen.

METHODE: INNERE LERNREISE/FACE REALITY

INHALT UND ZIELSETZUNG: Eine Lernreise nach innen meint eine Dialogreise in das Innere der Organisation. Eine Dialogreise ins Innere der eigenen Unternehmung bringt neue Perspektiven, wenn Reiseführer da sind, die als Dialogscouts fungieren. Dabei verändert sich der Verhaltensspielraum der Teilnehmenden, indem sie mit sich experimentieren und über sich reflektieren. Bewusst einen Perspektivwechsel vollziehen, wo der Perspektivwechsel am schwierigsten ist, weil die Macht der Gewohnheit einen davon abhält, die Dinge anders zu betrachten und dort vielleicht Fragen zu stellen, die man im Alltag nicht stellen würde. Führungskräfte denken ganz viel darüber nach, wie es sein könnte, und gehen selten dorthin, wo es wehtut. Durch Face Reality werden Themen nicht durchdacht, sondern erlebt – und das Sinnen darüber beflügelt.

LERNKONZEPT: Lernreise, Auftakt für einen weiteren Dialog.

TEILNEHMER: Kleingruppen, Führungsteam, Innovationsteam (bis 15 Personen)

DAUER: 1–2 Tage.

ABLAUF

PLANUNG: Plant man nun eine Lernreise nach innen, so ist es wichtig, das Thema mit einem Planungskreis aus der Organisation im Vorfeld auszuarbeiten: einem Kreis der Operativen.

- Zum Kreis der Operativen gehören besonders Mutige, Bridgepeople, Randgruppen, junge Wilde, alte Wilde.
- Daraus werden Stationen der Lernreise abgeleitet, an denen diese Kernthemen beziehungsweise der Umgang damit erlebbar gemacht werden, wodurch ein Lernprozess beziehungsweise eine Verhaltensänderung in Gang kommt.
- Ideen für Orte für diese Stationen werden generiert.
- Die Umsetzung mit internen oder externen Prozessbegleitern und Moderatoren wird geplant.
- Geeignete Querschnittsgruppen werden aus Führungskräften und/oder Mitarbeitern gebildet.

DURCHFÜHRUNG: Die Gruppen erhalten die Aufgabe, sich in einem passenden Lern- und Erfahrungsumfeld unmittelbar mit den Themen und Inhalten einer oder mehrerer Thesen auseinanderzusetzen. Dabei wird ihnen die Möglichkeit eingeräumt, sich intensiv mit anderen Denk- und Handlungsoptionen zu beschäftigen und andere Kommunikationsmuster sowie eine jeweils andere Kultur zu erfahren und auszuprobieren.

Sie werden außerdem bei dem Vorhaben begleitet, positive Erfahrungen mit einer anderen Kultur in den eigenen Arbeitsbereich zu transferieren.

- Impulse
  - Jede Führungskraft wird morgens mit einem Kleinbus von zu Hause abgeholt und persönlich begrüßt.
  - Der Start erfolgt in einem außerhalb der Organisation liegenden Workshop-Raum mit Ambiente, der ein wenig die Heimat darstellt (Perspektivwechsel Heimat und Reise wird durch die Orte verstärkt).
  - Zunächst werden Ziele und Aufgaben geklärt: Wo sind wir innovativ? Wo haben wir schlafende Prototypen in der Organisation, die kleine Leuchttürme sind? Wo entsteht Neues? Wo müssen wir uns verändern?
  - Gruppen werden eingeteilt, die sich auf verschiedene Bereiche oder Abteilungen beziehen (Hilfsmittel: Kamera für Fotos).
  - Anschließend wird gemeinsam per Fahrrad zur Organisation gefahren. Dann haben alle bis zu zwei Stunden Zeit zum Sammeln von Themen und Fotos.
  - Lösungssuche vor Ort: Jede Gruppe nimmt ein Thema und geht auf die Suche nach einer Lösung im System … und kommt erst wieder, wenn sie eine gefunden hat.
- Erfahrungen sammeln und Reflexion
  - Beim anschließenden Treffen erfolgen Austausch und Reflexion. Ein Museum wird aufgebaut, das gegebenenfalls am nächsten Tag in den Vorraum der Organisation gestellt wird.
  - Thema: Welche Erkenntnisse über Innovationen in Ihrer Organisation haben Sie gewonnen? Oder es werden Sketche einstudiert, die am nächsten Tag in verschiedenen Bereichen vorgespielt und sichtbar gemacht werden.
- Gegebenenfalls Fokussierung und Lösungen erarbeiten. Fokussierung der Themen:
  - Für welche Themen benötigen Sie eine Lösung?
  - Welches Thema ist aus Sicht der Mitarbeiter am wichtigsten?
  - Think-Tango: Jede Gruppe überlegt für eine andere Gruppe ein Lernziel oder eine Lösung.

- Danke sagen in der Organisation mit einer Art Flashmob!

ANMERKUNG ZUR WIRKUNGSWEISE: Für die Reisenden ist es eine lernreiche Zeit, die eigene Organisation aus einer anderen Perspektive zu betrachten und mit einer Realität konfrontiert zu sein, die sie so im Alltag nicht sehen.

PRAXISTIPPS UND KOMMENTAR:

- Auftragsklärung mit der Gruppe ist notwendig. (Worum geht es?)
- Hier benötigen die Menschen eine besondere Hinführung, um tatsächlich das andere zu sehen – das, was ihnen im Alltag verborgen bleibt. Wie kann ein Perspektivwechsel gelingen? Beispielsweise werden Fragen gemeinsam erarbeitet, die gestellt werden können. Oder Führungskräfte besuchen die Bereiche, denen sie nicht hierarchisch vorgesetzt sind.
- Lernreisen können auch mit einzelnen Querschnittsgruppen oder funktionalen Teams durchgeführt werden, die nicht Führungskräfte sind: Gruppen, die ihre dringlichen Themen aufarbeiten und die sich vor Ort in eine Lernphase begeben möchten.
- Nur am Rande: Freiwilligkeit ist dabei ein Muss!

Bevor eine innere Lernreise geplant wird, ist zu überlegen, wer auf die Suche nach Musterbrechern gehen soll. Hier haben wir verschiedene Anregungen gesammelt:

INFO: WER SUCHT NACH DEN MUSTERBRECHERN?

METHODE: REFLEXIONSGRUPPEN

Mithilfe einer Reflexionsgruppe können Themen gefunden werden: Aus »jedem« Bereich wird eine Person eingeladen, ihre Probleme zu beschreiben. Gemeinsam wird nach Mustern geschaut (Zusammenarbeit, Führung, Schnittstellen und so weiter) und überlegt, wo es Ausnahmen gibt. Wer versucht, etwas anders zu machen? Welche verbotenen Lösungen gibt es? Welche Lösungsidee ist bereits gescheitert?

METHODE: FÜHRUNGSKRÄFTE-WORKSHOP
Eine Veranstaltung mit Führungskräften, bei der gemeinsam an Themen wie Kommunikation und Zusammenarbeit gearbeitet wird. Neugier wecken für die eigene Organisation und gemeinsam die Situation analysieren: Wo passieren Dinge, die ungewöhnlich sind? Wo gibt es Musterbrecher? Um in einen offenen Dialog zu kommen, braucht es auch eine Kultur dafür. Daher ist diese Form der Analyse in (Groß-) Veranstaltungen nicht überall umsetzbar.

ZWEITER ANSATZ: WIE KANN EINE UTOPISCHE ORGANISATION AUSSEHEN?
Utopien sind künftige Wirklichkeiten – es sind gedankliche Annäherungen an eine Welt, das Vorstellen einer Wirklichkeit, die vielleicht nicht eintritt. Aber ein Dialog über eine übertriebene Form der Zukunft kann der Beginn einer Veränderung sein.

METHODE: DIE UTOPISCHE ORGANISATION – ODER DIE ZUKUNFT!

INHALT UND ZIELSETZUNG: Darstellen und Erleben einer utopischen Organisation. Prinzipien und Personen werden vorgestellt, die zeigen, wie teilweise in der heutigen Zeit schon gearbeitet wird. Ziel: Denkanstöße und Perspektivwechsel in eine andere Richtung von Organisationsleben.

LERNKONZEPT: Workshop.

TEILNEHMER: 10 bis 50 Teilnehmer.

DAUER: 3 Stunden.

ABLAUF

ERLÄUTERN DER AUFGABE: »Wir werden mit verschiedenen Prinzipien konfrontiert, die eine utopische Organisation erlebt. Und wir schauen, was diese Prinzipien mit uns und unserem Handeln in der Organisation macht. Finden wir es spannend? Abstoßend? Unpassend? – Bitte kommt in kleinen Gruppen zusammen und besprecht die einzelnen Themen. Ihr habt dafür eine Stunde Zeit. Jede Gruppe bringt danach ihre drei wichtigsten Themen in die Gesamtgruppe.«

KLEINGRUPPENARBEIT: Zwölf Prinzipien, die eine utopische Organisation lebt, werden in Kleingruppen bearbeitet. (Jedes Prinzip ist auf einem einzelnen Blatt und alle Prinzipien hängen an der Wand, sodass es die Möglichkeit für schriftliche Kommentare gibt.)

1. Kontrolle der Menschen ist eine Illusion. Alternative zum Vertrauen existiert nur theoretisch. Die Idee, dass am Ende schon das »Richtige« herauskommt, ist eine Illusion – damit verliert man nur Zeit und am Ende geschehen trotzdem Dinge, die nicht gewollt sind. Disziplin lässt sich auch erreichen, indem die Menschen für die Ergebnisse verantwortlich sind. Wer macht hat Macht.
2. Keine Strategie: Fragen statt planen. Sind wir im richtigen Geschäft? Haben wir die richtigen Leute? Machen wir das Richtige? Jeder Geschäftsplan enthält so viele Unbekannte – Niemand weiß, was sein wird. Planung maximal sechs Monate.
3. Dialog- und Diskussionskultur: Vernetzen in alle Richtungen. Jeder spricht mit jedem: guter Kaffee, keine Sitzordnung beziehungsweise wechselnde Arbeitsplätze. Teamorganisation bestimmt das Arbeitsleben (transparente Informationspolitik, Entscheidungsfreiheit).
4. Individuelles Arbeiten überall: Arbeitsort und -zeit werden selbstbestimmt festgelegt. Wichtig ist auch die Zeit außerhalb der Arbeit: gegebenenfalls einen Tag in der Woche. Perspektiv-

wechsel und andere Eindrücke. Ferner Zeit für Liebhaberprojekte in der Organisation (Experimente).

5. Jeder ist am Gewinn beteiligt: Identifikation und Einbringen in die Organisation ist eng verknüpft mit dem Wunsch, auch davon zu profitieren.
6. Hohes Maß an Eigenverantwortung: Mit Fehlern leben. Nicht vermeiden wollen. Druck wächst dabei auf jeden einzelnen Mitarbeiter – jeder ist für sich verantwortlich und kann sich nicht hinter Entscheidungen des Chefs verstecken.
7. Abschaffung des Managements: Eine Firma ist erfolgreich, wenn es den Managern gelungen ist, sich überflüssig zu machen. Manager im herkömmlichen Sinne werden dadurch verdrängt, dass alle mehr oder weniger Manager geworden sind. Entscheidungswege für viele treten in den Vordergrund. Bedeutet innovative und zeitintensivere Entscheidungsprozesse.
8. Change Management ist Daueraufgabe in allen Bereichen: Das Innen der Organisation dem Außen der Umwelt anzupassen, bedeutet das Managen von Übergängen. Passagement erlernen bedeutet Strategie, Struktur und Kultur miteinander zu verbinden.
9. Die jungen Wilden integrieren: Es gibt eine Gruppierung unter den 20- bis 30-jährigen, die ein starkes Bestreben hat, die Welt in pragmatischer und persönlicher Hinsicht zu einem besseren Ort zu machen. Sie lassen ihren Worten Taten folgen, verkörpern ihre Grundwerte und den Wandel, den sie anstoßen möchten.
10. Wissenstransfer und Lernen: Gewährleisten, dass unangenehme Informationen nicht ignoriert werden und fehlerhafte Entwicklungen nicht ausgesessen werden. Professionelle Reflexionsschleifen (Flurfunktheater, freie Presse) einführen.
11. In Komplexität leben: Es ist eine Herausforderung, handlungsfähig zu bleiben, sich zu verbünden und über kulturelle, funktionale und institutionelle Grenzen hinaus zusammenzuarbeiten.

Diese Grenzüberschreitungen erfordern dialogisches Arbeiten und die Fähigkeit zuzuhören. Dialog heißt nicht bloß, dass Menschen miteinander sprechen. Dialog heißt, sich im Kontext des gesamten Systems reflektieren zu können. So begriffen, hilft der Dialog den Teilnehmern, Komplexitäten zu erfassen und die Potenziale kollektiver Intelligenz zu bergen.

12. Aller Anfang ist die Lücke – hier führt der Weg in die Zukunft. Lern- und Innovationsstrukturen von Organisationen der Zukunft sind systematischer, experimenteller, persönlicher, umsichtiger und praxisorientierter. Es fängt damit an, sich selbst zu kennen: Wer bin ich? Was ist meine Mission? Wo sehe ich ganz persönlich die Zukunft? Wo sehe ich eine Lücke, eine Öffnung oder Herausforderung, die in eine Zukunft weist, die nur darauf wartet, entdeckt zu werden? Welche unter den vielen Möglichkeiten spricht uns ganz persönlich an? Ist diese relevant für unsere Institution? Vielleicht für andere Teilhaber? Wie können wir Räume zum Zuhören schaffen, welche diese Lücke zu weiten helfen und all die Möglichkeiten wachsen lassen, die sich mit ihr verbinden?

ZUSAMMENKOMMEN: Jede Gruppe präsentiert ihre drei wichtigsten Themen!

GESPRÄCH IN DER GRUPPE: Wo gibt es Übereinstimmungen? Wo gibt es Unterschiede? Gibt es Themen, an denen weitergearbeitet werden soll, um innovativer zu werden?

- Nicht alles muss ausdiskutiert werden, es sollten ein paar Themen gefunden werden, die im Anschluss von Teilnehmern weiterfolgt werden und zu einem späteren Zeitpunkt der Gruppe vorgestellt werden.
- Die Gruppe findet Themen, die sie sofort ändern möchte. Keine Maßnahmen festlegen, hier zählt das Commitment!

VARIANTE: Eine etwas stillere Methode ist es, die Thesen auf Flipchartpapier zu schreiben. Still wird dieses Papier herumgereicht. Oder die Teilnehmer wandern von Flipchart zu Flipchart. Jeder schreibt ein paar Ideen, Lösungen, Gefühle und Ähnliches dazu auf. Im Anschluss bittet man die Teilnehmer, die Ergebnisse auf einem Flipchartbogen zusammenzufassen und vorzutragen.

WAS SIND DIE INNOVATIONSBREMSEN IN DER ORGANISATION? Oftmals wollen alle den Fortschritt und dann schließt sich die Frage an: »Warum passiert dann nichts?« Ideen haben es in Organisationen schwer und es gilt die Themen zu finden, die bremsen. Das ist meist kränkend und nicht amüsant. Unterm Teppich kehren kann helfen, die Hemmnisse aufzuspüren.

METHODE: LEIDENSWEG EINER IDEE

KURZBESCHREIBUNG: Soziodramatische Inszenierung von Innovationsprozessen.

INHALTE UND ZIELSETZUNG: Warum werden gute Ideen nicht umgesetzt? Wo sitzt in Unternehmen die Innovationsbremse? Mithilfe dieser soziodramatischen Inszenierung werden all die Stolpersteine sichtbar und erlebbar.

LERNKONZEPT: Workshop.

TEILNEHMER: 6 bis 50 Personen.

DAUER: 1 Stunde.

ABLAUF

ERWÄRMUNG: In Kleingruppen werden Ideen gesammelt: Wer oder was beeinflusst meine Ideen? Welche Kulturelemente, welche Institutionen, welche Personen sind mehr oder weniger unterstützend? Während dieser Phase helfen die Prozessberater den Kleingruppen »beim Denken«. Die Einflüsse werden auf Karten geschrieben und noch in der Kleingruppe priorisiert. In einer der Kleingruppen wird über Ideen geredet und herausgefiltert, welche die »typischen« Ideenunterstützer darstellen, zum Beispiel technische Verbesserungsideen, Strukturideen, revolutionäre Ideen über Veränderung von Abläufen und Zielsetzungen.

SPIEL: Die verschiedenen (Arten von) Ideen werden von einzelnen Leuten dargestellt. Jede Idee wird durch einen Menschen verkörpert und bestreitet den Weg zur Verwirklichung. Am Ende des Raums ist das Tor der Verwirklichung – das Ziel der Idee. Per Zuruf aus den Kleingruppen werden die wichtigsten Einflüsse auf die Ideen benannt und kommen als Person auf die Bühne. Mit einer Karte wird den Einfluss-Protagonisten die Idee aufgeklebt. Die Ideen-Protagonisten, aber auch die Einfluss-Protagonisten werden gefragt: Wo stehen Sie im Standbild? Was sagen Sie zur Situation? Wie verhalten Sie sich zur Idee?

Die Spieldynamik endet, indem die einzelnen Protagonisten auf der Bühne interviewt werden, was sie tun, wie sie es tun, wie sie sich zur Idee verhalten. Welche Idee schnappen Sie sich? Was machen Sie mit ihr? Die Ideen werden dann losgeschickt und reden und agieren mit den einzelnen Elementen.

ABSCHLUSS: Am Ende werden die Ideen über ihren Leidensweg befragt: Welche Hindernisse waren besonders schwer bis nicht zu überwinden? Was war hilfreich auf dem Weg zum Ziel?

ANMERKUNGEN ZUR WIRKUNGSWEISE: Alle (oder fast alle) Teilnehmer sind in das Spiel involviert. Dadurch entsteht eine Dynamik, die diesen »Leidensweg« für alle sehr fassbar macht.

Ziele und Visionen – Taten statt Worte

WER HAT VISIONEN?

Wahrscheinlich hat sie jemand aus den USA mitgebracht. Dort scheint es immer einen Aufbruch, ein Bekenntnis, einen Glauben zu brauchen. Die Schatten der Zukunft sind dort immer länger als die der Vergangenheit. Es war wohl in den 1990er-Jahren, da fingen Unternehmen an, Visionen zu haben. Kennt man eine, kennt man alle. Immer sind Visionen Ankündigungen, Vorsätze, meist kommt das Wort Mut vor, und immer steht alles im superlativsten Superlativ.

Visionen sind meist so uninspiriert formuliert, wie die es sind, von denen sie erdacht wurden oder die sie beraten haben, und passen in ihrer fehlenden Originalität zu den immer gleichen Beraterrezepten, die im Sixpack zusammengeschnürt damit verkauft werden. Viel zu oft sind Visionen textgewordene Angstblüten von Managern im fortgeschrittenen Alter, die bei den avisierten Jahreszahlen die Unternehmen schon verlassen haben werden. Inzwischen hat jedes Finanzrevisionshochleistungsteam ungestüme Unternehmer-im-Unternehmen-Kundenbegeisterungsphrasen in öden Fluren hängen. Und wer es lange genug in solchen Unternehmen aushält, schon einige Beratergenerationen hinter sich ließ, bringt es gut und gern auf drei bis vier Visionen, jede aber für eine Ewigkeit gemacht.

Wer glaubt so etwas? Wer braucht so etwas? Wer hier nicht sarkastisch wird, ist bestenfalls gutmütig, wahrscheinlich aber nur naiv. Vielleicht werden Zukunftsbilder benötigt, um gegenwärtige Veränderungen zu steuern. Solche Begründungen aus der Zukunft für aktuelles Handeln dürfen aber keine austauschbaren Foliensätze sein. Taten statt Worte wären ungemein glaubwürdiger.

Einer von uns Autoren schaut manchmal gern Filme, in denen in Variationen immer dieselben beiden Sätze vorkommen:

- Satz 1: Wir wissen nicht, was es ist, aber es kommt direkt auf uns zu!
- Satz 2: Geben Sie mir bitte den Präsidenten!

Mit diesen beiden Sätzen ist ein ganzes Filmgenre für seine Liebhaber beschrieben. Derzeit arbeiten wir in der Beratung von Führungskreisen mit zwei ähnlichen Zaubersätzen, die große Wirkung zeigen, und wundern uns immer wieder darüber, wieso dies eigentlich so gut funktioniert. Die derzeit griffigsten Interventionen – so scheint es uns – lauten:

- Satz 1: Die Einzigen, die Sie in Ihrem Unternehmen verändern können, sind Sie selbst.
- Satz 2: Lassen Sie bitte Ihren Aussagen, die Sie im Zukunftsbild (in der Ansprache an die Mannschaft, im Strategie-Rollout oder Ähnlichem) formulieren, nicht nur Taten folgen, sondern viel besser: Gehen Sie voraus! Lassen Sie den Taten Worte folgen. Finden Sie eine Handlung oder Entscheidung, die Ihre Aussage so untermauert, dass sie auch geglaubt wird.

Der erste Satz erzeugt bei den Anwesenden sehr viel Nachdenklichkeit, dann Zustimmung und anschließend kann mit ernsthafter Selbstkritik begonnen werden, die meist Bedingung für eine Neuausrichtung ist. Die Lieblingsaktivitäten aller in allen Veränderungsbemühungen sind nämlich stets auf die gleiche Zielgruppe gerichtet: die anderen.

Bei der Absicht, eine bessere Fehlerkultur einzuführen, führt die Frage »Für welche falschen Entscheidungen sollten wir uns bei der Mannschaft eigentlich entschuldigen?« im Anschluss an die Frage zunächst zu Melancholie, dann aber zu überraschenden Handlungen.

Wir stellen fest: Es gibt eine große Müdigkeit bei den Managern und eine noch größere bei den Gemanagten. Man mag keine Sätze mehr hören. Keine Appelle. Keine Vorsätze. Keine Versprechen. Keine Visionen mit Best in oder Best of. Man glaubt nicht mehr. Schon deshalb, weil die, die das alles verkünden, oft so schnell wechseln, dass sie das Schlusswort ihrer eigenen Rede nicht mehr hören können, weil sie schon wieder an einem anderen Einsatzort sind. Wer wirklich Menschen bewegen will, braucht Taten, die etwas bewegen, die nicht nur symbolisch sind, sondern Zeichen, die auf etwas Bedeutendes hinzeigen, also selbst bedeutend sind.

All überall fordern Manager dazu auf, mutig zu sein: Mut zu Führung. Mut zu Fehlern. Mut zu Entscheidungen. Die beste Art und Weise, Mut in einem System zu erzeugen, wäre, ihn selbst aufzubringen. Das gilt übrigens auch für Vertrauen oder Wertschätzung. Wenn Manager in ihren Unternehmen Mut benötigen, dann ist die beste Weise, ihn zu erhalten, ihn selbst zu zeigen. Dabei hilft recht oft eine kleine Parade der heiligen Kühe, die im Unternehmen zufrieden grasen und eigentlich geschlachtet werden sollten.

INTERVENTIONSFORMEN

ZIELE UND VISIONEN IN FÜNF SZENEN

Hilfreicher als das aufwendige, gute Formulieren von Zielen – vor allem bei Kulturentwicklungsprojekten –, ist die Frage nach fünf Szenen, die nach dem Zurücklegen des Weges zu filmen wären. Diese beschreiben eindringlicher, worum es geht. Es werden Szenen aus der Zukunft entworfen.

Zugegebenermaßen ist diese Intervention inspiriert durch die Wunderfrage von Steve de Shazer. Der schönste Impuls im Kurzzeit-Coaching nach Steve de Shazer ist die Verschreibung des Verhaltens selbst, das in der Wunderfrage vorweggenommen wurde, als Hausaufgabe.

METHODE: FÜNF SZENEN

INHALT UND ZIELSETZUNG: Führungskräfte formulieren ihre Vision oder ihre Ziele. In einem Workshop wird daran szenisch gearbeitet. Die Absichtserklärungen werden dann nicht schriftlich in Worte gefasst, sondern in Szene gesetzt. Durch die Inszenierung werden die Themen sichtbarer (anstelle von Absichtserklärungen), um die es geht.

LERNKONZEPT: Strategieentwicklung, Teamentwicklung, Change-Prozess.

TEILNEHMER: Kleingruppe (4 bis 20 Personen).

DAUER: 0,5 Tage.

RESSOURCEN: Metaplanwände.

ABLAUF

KLEINGRUPPENARBEIT: Zunächst wird die Gruppe geteilt, sodass maximal fünf Teilnehmer in einer Gruppe sind. Attraktive und verständliche Bilder werden entwickelt durch Fragen wie:

- Wenn die Ziele/Visionen umgesetzt sind, welche konkreten Situationen stellen Sie sich vor?
- Stellen Sie sich vor, über Nacht ist ein Wunder geschehen: Wenn wir einen Film über das neue Verhalten/über die Veränderung drehen würden, was würden wir sehen, hören, erleben?
- Was passiert konkret? Was tun die Personen?

Jede Kleingruppe stellt ihre Bilder vor mit anschließender Diskussion:

- Wo gibt es Gemeinsamkeiten/Unterschiede?
- Auf welche fünf Bilder können wir uns einigen?

Die Absichtserklärungen werden anschließend in Szene gesetzt (gegebenenfalls in neuen Gruppen). Durch die Inszenierung werden die Themen sichtbarer und greifbarer.

ROLLOUT: Zur weiteren Verbreitung (dem sogenannten Rollout) gilt es Folgendes zu beachten: Sollen die Themen unter den Mitarbeitern verbreitet werden, so ist es sinnvoll, die Verfilmung in den Teams zu zeigen. Danach folgt ein Austausch darüber, was die Mitarbeiter verstanden haben und was das für das Team bedeutet. Damit auch die Mitarbeiter aktiv in den Visions- oder Zielprozess eingebunden sind, eignet sich folgende Frage an das Team: »Was müssen wir tun, damit diese Szene umgesetzt wird?«

VARIANTE: Anstelle eines Films haben sich auch Bilder bewährt, die von einem professionellen Visualisierer umgesetzt werden.

ANMERKUNG ZUR WIRKUNGSWEISE: Auf spielerische Art und Weise machen sich die Teilnehmer Gedanken um ihre Zukunft. Statt Angst vor der Zukunft kommt durch die Szenen am Ende eine Lust auf die Zukunft oder mindestens Spaß heraus!

PRAXISTIPP: Gute Erfahrungen haben wir damit gemacht, wenn die Szenen in einer Abendveranstaltung aufgeführt werden.

Mit dieser und auch der folgenden Interventionsform arbeiten wir auch mit Führungsteams – mit erstaunlichen Erfolgen.

VISIONEN FÜR PRAKTIKER: POWER-WORKSHOP

Wir sammeln gute Erfahrungen in Organisationen, in denen viel geredet und wenig umgesetzt wird, indem wir »einfach« ins Tun einsteigen. Wir verschreiben dann eine »Tatenspritze«. Diese Tatenspritze heißt Power-Workshop. Eine zeitaufwendige Analyse der Gesamtsituation des Unternehmens unterbleibt. Es gibt auch keinen Blick von ganz oben auf die Organisation. Der Charme liegt im Kleinen – im detaillierten individuellen Prozess. Beispiele könnten das Abschaffen bestimmter Verwaltungsformulare oder das Umgestalten der bereichsübergreifenden Zusammenarbeit, die Neugestaltung von Prozessen oder auch Veränderungen von Teammeetings sein. Selbst mit kleineren Maßnahmen kann es gelingen, über Teilerfolge und Teilumsetzungen neuen Mut zu entwickeln und auch Vertrauen, dass sich etwas verändern kann.

Die Durchführung von Power-Workshops hat ihren Ursprung in der Fertigung, wo neue Produktionsabläufe in einem Prozessgang sofort umgesetzt werden. Wichtig ist die Zusammensetzung der beteiligten Experten und Entscheider – die »empowerten« Teilnehmer sollen tatsächlich die Durchsetzungskraft haben, die Änderungen anzugehen.

WAS IST DAS ZIEL EINES POWER-WORKSHOPS? Power-Workshops ermöglichen schnelle, fokussierte Entscheidungen. Ein Power-Workshop ersetzt nicht den dauerhaften Kulturwandel, vielmehr ist er ein Kulturbruch, ein Anstoß und Mutmacher für Veränderung. Er kann eine bestimmte Haltung fördern. Er bündelt das Wissen und die Erfahrung mehrerer Spezialisten für die Entwicklung konkreter Maßnahmen, die von allen getragen werden sollen.

WO LIEGEN DIE STÄRKEN VON POWER-WORKSHOPS? Nach unserer Erfahrung wecken Power-Workshops viel Interesse auch bei den Nichtbeteiligten. Wenn sich ein Team vornimmt, ein Problem zu bewältigen, das schon lange gärt, dann wollen die meisten wissen, ob das gelingt. Die Beteiligten lernen in kurzer Zeit viel über Machbarkeit und Wirksamkeit. Und die Organisation selbst erlebt: Veränderung kann gelingen. Durch das Verschieben des Fokus vom Reden über Veränderung auf das Ergebnis des Handelns beginnt ein dynamischer Prozess mit einem hohen Energielevel und viel Ausstrahlungskraft. Power-Workshops sind deshalb so wirkungsvoll, weil sie aus vielen kleinen Schritten bestehen, die sich dem Ziel annähern, das Vorgehen wird sukzessive angepasst und gleichzeitig immer weiter analysiert und wieder angepasst.

WANN IST DIE DURCHFÜHRUNG EINES POWER-WORKSHOPS SINNVOLL?

- Wenn ein Ziel schnell erreicht werden soll und die personellen Ressourcen dafür konzentriert eingesetzt werden können.
- Wenn kurzfristig Dringlichkeit geboten ist, etwa die Lösung einer aktuellen Krise.
- Wenn spezifische Verbesserungsziele zu erwarten sind.
- Wenn Prozessverbesserungen isoliert erkennbar sind.
- Wenn das Wissen und die Erfahrung mehrerer Spezialisten nötig ist.
- Wenn die entsprechenden Maßnahmen von allen getragen werden sollen.

WO LIEGEN DIE GRENZEN VON POWER-WORKSHOPS? Ein dauerhafter Kulturwandel kann so nicht erreicht werden, aber es ist eine kreative Möglichkeit, ins Handeln zu kommen. Mit Blitzaktionen kommt es zu schnellen Ergebnissen, doch es bleiben lediglich (viele) punktuelle Veränderungen, die auch Gefahren in sich bergen:

- Veränderungen, die vielleicht nicht in eine Vision oder Strategie eingebettet sind
- Mitarbeiter, die ihre Befugnisse überschreiten
- Rückfälle in alte Muster, weil alles zu schnell geht
- nicht alle (wesentlichen) Mitarbeiter werden mitgenommen.

SCHEITERN ALS LEGITIME OPTION: Vergleichbar mit einer Expedition, einem Gipfelsturm, wird die beste Mannschaft mit allen erforderlichen Ressourcen ausgerüstet und versucht, gemeinsam den Gipfel in fünf Tagen zu erreichen. Schlagen Wind und Wetter um, wird die Route geändert, werden neue Wege gesucht. Ein Power-Workshop kann durchaus scheitern. Alles oder nichts: Der Gipfelsturm kann gelingen – oder auch nicht. Stehen die Rahmenbedingungen dem entgegen, kann die Expedition abgebrochen werden. Ein wohlwollender Abbruch zum Wohle der Beteiligten.

METHODE: POWER-WORKSHOP

INHALT UND ZIELSETZUNG: Taten statt Worte – eine Organisation entscheidet schnell und setzt ihre Entscheidungen auch sofort um. Nach dem Workshop muss die Welt anders sein als zuvor.

LERNKONZEPT: Workshop, Qualitätsentwicklung, Change-Prozess.

TEILNEHMER: Kleingruppen.

DAUER: So lange wie nötig.

RESSOURCEN:
- Räumlichkeiten: Räume außerhalb des Firmengeländes: ein Seminarraum, ein bis zwei Kleingruppenräume; Stuhlkreis; Tische und/oder Ablageflächen an den Wänden.
- Ausstattung: acht Moderationspinnwände, zwei Flipcharts, zwei Moderationskoffer, Telefon, Beamer.

ABLAUF:
VOR DEM WORKSHOP: Die Auftragsklärung ist hier wichtig und damit die Frage: Eignet sich das Thema für einen Power-Workshop? Der Auftrag und der Rahmen des Power-Workshops werden in einem Vorbereitungs-Workshop festgelegt. Der konkrete Auftrag muss in einer Woche erkannt und entschieden werden können. Als Ergebnis sollen Dinge passieren, die man sehen kann. Die Freistellung der teilnehmenden Mitarbeiter ist nötig, also ist das Commitment der Führungskräfte, diese Mitarbeiter auch freizugeben, grundlegend.

WÄHREND DES WORKSHOPS: Zu Beginn des Power-Workshops analysieren alle Teilnehmenden gemeinsam die Situation. Dabei sind die Ursachen nicht relevant, die Lösungen hingegen zentral. Im nächsten Schritt werden Ziele erarbeitet, Ideen entwickelt und entsprechende Maßnahmen abgeleitet. Nun gilt es, diese Maßnahmen sofort umzusetzen.

IN DER REFLEXION wird der Prozess angeschaut und es wird bewertet, ob das Ziel erreicht wurde. Ergeben sich bei der Umsetzung neue Erkenntnisse oder wurde das Ziel verfehlt, wird weiter nach Verbesserungsideen gesucht, die anschließend umgesetzt werden. Diese Schleifen wiederholen sich so lange, bis der Ansatz überzeugend ist … und meistens passiert das alles in (maximal) fünf Tagen.

BEDINGUNGEN AN DEN WORKSHOP UND DIE TEILNEHMER:

- Die Arbeit im Workshop hat Priorität
- Teilnehmer sind zeitlich voll anwesend (keine zeitweise Anwesenheit)
- Nur absolut notwendige Telefonate zum Thema des Workshops werden geführt.
- Teilnehmer, die nicht am Workshop teilnehmen können, bringen ihren Beitrag über den Paten des Themas im Vorfeld ein.
- Power-Workshops dauern so lange, bis das vereinbarte Ziel erreicht ist.
- Sollte der Einflussbereich des Teams für eine Beschleunigung des Prozesses nicht ausreichen, so wird der Workshop unterbrochen, vertagt oder beendet.
- Bewährt haben sich auch Überraschungen der Gruppen (eine plötzliche Exkursion oder Musikeinsatz einer Straßenband; stressfreie Zone einrichten mit Hängematten und ständigem Buffet; Spielsachen mitbringen; andere Arbeitszeiten einrichten (bis Mitternacht arbeiten).

Wege gehen statt Worte finden

TATEN AUF DER BÜHNE: SZENISCHE ORGANISATIONSBERATUNG. Manchmal ist es nicht möglich, eine Maßnahme sofort in die Tat umzusetzen, eine Handlung in der Praxis auszuführen. Dennoch ist ein Tun möglich: auf der Bühne. Szenische Organisationsberatung ist an die handlungsorientierte Methode des Psychodramas angelehnt und hilft den Beteiligten, nicht nur zu kommunizieren, sondern auch in Handlungen überzugehen. Diese Form bietet die Möglichkeit, in einem Workshop tatsächlich Veränderungen auf der Bühne zu erleben. Im Vordergrund steht das Tun, über das Tun die Haltung zu verändern und zu spüren, dass dies möglich ist.

Der Mensch und die Beziehungen der Menschen untereinander stehen im Vordergrund der szenischen Organisationsberatung. Soziodramatische Methoden wie Aufstellungen, Skulpturen, Rollenspiele oder Soziogramme ermöglichen den Teilnehmern, Teams und Abteilungen, ihre Themen so zu erleben, dass sie alte Interpretations- und Rollenmuster anpassen und verändern können. Dabei werden (festgefahrene) Strukturen, Denk- und Verhaltensweisen mithilfe szenischer Perspektivwechsel aufgebrochen und Erkenntnisse über die eigenen Rollenmuster (und die anderer) gewonnen.

Das Ziel ist, für bekannte Situationen und/oder Probleme neue Lösungen oder für neue Situationen und/oder Probleme adäquate Lösungen zu kreieren, die dann in der Praxis sofort umgesetzt werden können. Im Gegensatz zu »normalen« Workshops werden keine Maßnahmen vereinbart, sondern die Umsetzung und die Reflexion über die Wirkung erfolgen im Workshop selbst.

METHODE: SZENISCHE ORGANISATIONSBERATUNG: DER SPONTANEITÄTSTEST

INHALT UND ZIELSETZUNG: Besonders gut gelingt diese Beratung in der Form des Spontaneitätstests in Workshops. Im Spontaneitätstest geht es darum, auf die »üblichen« Situationen aus dem beruflichen Alltag spontan und kreativ zu reagieren, also ein Experiment zu wagen. Ziel ist es, die Schwäche beziehungsweise die Angst beim anderen zu bemerken und ihn einer Situation auszusetzen, in der er mit dieser konfrontiert ist.

LERNKONZEPT: Workshop.

TEILNEHMER: Mitarbeiter und Führungskräfte.

DAUER: 2–3 Stunden.

RESSOURCEN: Großen Raum

ABLAUF: Die Teilnehmer entwerfen eine kurze Szene zum Thema, die ein oder mehrere Teilnehmer (als Fallgeber) nicht kennen und die eine Anforderung enthält, auf die sie spontan und unvorbereitet reagieren müssen. Im Rollenspiel wird das neue, spontane Verhalten gleich umgesetzt und dann die Reaktion darauf reflektiert.

Wenn ein Team, eine Abteilung oder ein Teilnehmer zum Beispiel schon im Vorfeld eine Lösung für eine bestimmte Situation entwickelt hat, kann im Realitätscheck diese Situation auf der Bühne inszeniert werden, um zu testen, inwiefern die erarbeitete Lösung umsetzbar ist.

Gerade mit dieser Intervention haben wir in etlichen Unternehmen viele spannende, interessante und auch völlig überraschende Ergebnisse erzielt.

SINNEN NACH DEN EIGENEN LEITSÄTZEN – WERTE IM EXPERIMENT

Werden Bereiche neu verknüpft (besonders bei der Zentralisierung von Querschnittsbereichen wie Personal, Einkauf und ähnlichen Bereichen), ist der Wunsch groß, sich als Einheit zu verstehen, gemeinsame Werte zu haben und zu leben, strategische Themen zusammenzuführen. Gerade dort, wo Matrixstrukturen bestehen, ist es schwierig, diesen Dialog über alle Standorte hinweg zu führen. Eine Möglichkeit besteht darin, über geschaffene Werte oder Leitsätze eine Gemeinsamkeit zu formulieren. Diese Werte werden in den meisten Fällen im stillen Kämmerlein von wenigen Personen ausformuliert und in die Breite kommuniziert. Aber auf diese Weise passiert wenig.

Häufig werden dann Berater beauftragt, dafür zu sorgen, dass die Werte in besonderer Form in der Organisation ausgebreitet und so alle Mitarbeiter der einzelnen Bereiche und Standorte integriert werden. Eigentlich können solche Aufträge nur scheitern: Weder wird es gelingen, alle Mitarbeiter für die Werte zu interessieren, noch darüber eine gemeinsame Identität zu schaffen.

BEISPIEL AUS DER PRAXIS: PERSONALBEREICH WIRD ZENTRALISIERT

Die Zentrale einer Organisation hatte für den gesamten Personalbereich (für die Regionen) sehr aufwendig neue Leitsätze gefunden. Der Hintergrund war, dass der Personalbereich zentralisiert werden sollte und alle sich als Einheit begreifen sollten, um nach außen geschlossen aufzutreten. Auf diese Weise sollte es einfacher werden, eine gemeinsame Strategie durchzuführen und eine höhere Standardisierung zu erreichen (nicht mehr: Jede Region macht, was sie will). Es gab spannende Marketingaktionen (zum Beispiel Roadshows) und viel Kommunikation darüber. Jedoch war zu spüren (Flurfunk, Interviews …), dass die Sätze bei den Mitarbeitern der einzelnen Standorte kaum ankamen, die Personaler sich nicht zugehörig fühlten und die interne Zusammenarbeit sich nicht verbesserte. In dieser Situation wurden wir gebeten, die Organisation zu unterstützen und die Leitsätze im gesamten Personalbereich lebendig wahrnehmbar »auszustreuen«.

Für solche Aufträge sind Berater dankbar, so auch wir, und wir versuchten, das Unmögliche möglich zu machen. Wissend, dass die Personalabteilung danach nicht anders handeln würde, dass die Zusammenarbeit sich nicht wirklich verbessern würde. Die Zentrale und die einzelnen Standorte werden immer unterschiedliche Interessen haben, und doch benötigt eine Organisation Unterstützung im Dialog über die Leitsätze.

Die große Frage ist nun: Wie werden Leitsätze und Werte zum Thema einer Organisation? Das gelingt in lebendigen Dialogen mit den Mitarbeitern an besonderen Orten. Die Leitsätze werden mit Handlungen und Erfahrungen an speziellen Orten verknüpft: nicht nur sprechen, sondern sie auch erfahrbar machen. Das können Herausforderungen sein, die zum Thema des Leitsatzes passen.

METHODE UND BEISPIEL: SINNEN NACH DEN EIGENEN LEITSÄTZEN – WERTE IM EXPERIMENT

In diesem Fall beschreiben wir die Intervention anhand unseres Praxisbeispiels.

INHALT UND ZIELSETZUNG: Dort ging es beispielsweise um das Thema: »Wir sind die Umsetzer!« Die Umsetzung aus dem Leitsatz bedeutete Folgendes: bessere Zusammenarbeit, mehr Vernetzung, Kommunikation, internes/externes Marketing, kontinuierliche Verbesserung und Selbstbewusstsein.

ABLAUF: Die Grundfrage war: Welche Prinzipien hatte der Prozess zur Verbreitung der Leitsätze?

- Die Mitarbeiter trafen sich in fachspezifisch und standortübergreifend gebildeten Gruppen, um die Vernetzung zu fördern.
- Ausgewählte Mitarbeiter aus allen Standorten setzten sich in gemischten Gruppen mit den Leitsätzen und Werten auseinander.
- Die Dialoggruppen trafen sich über ein Jahr verteilt, die Orte unterschieden sich, um den Überraschungseffekt zu erhalten.
- Alle Veranstaltungen waren eintägig.
- Die Dialoge bekamen durch »besondere Orte«, an denen sie stattfanden, zusätzliche Bedeutung.
- Die Mitarbeiter redeten nicht nur über die Leitsätze und Extrakte, sondern erlebten diese auch im »Realitätstest«.
- Auf diese Weise wurden Themen wie »Umsetzung« oder die gemeinsame Identität spürbar.
- Die Dialoge waren inhaltlich offen und zielten nicht auf Maßnahmenergebnisse. Motto: Die Organisation denkt, indem sie Dialoge führt.
- Die Orte standen in einem engen Zusammenhang mit den Leitsätzen und Extrakten.

Die Vorbereitung dieser Tage übernahm die Organisation selbst, begleitet von den Beratern. Für jede Gruppe gab es ein Vorbereitungsteam, das den Ort und die Inhalte des Tages besprach. In jedem Vorbereitungsteam übernahm wiederum eine Person die Hauptverantwortung. Die Hauptverantwortlichen wurden im Vorfeld gemeinsam als Multiplikatoren in den Prozess eingebunden. In diesem Kreis wurden auch Ideen zu den Orten generiert.

Dazu ein paar Beispielkontexte:

- Ort Restaurant: Beim Mittagessen im Restaurant müssen die Teilnehmer mit Konfliktsituationen und Störungen umgehen: zum Beispiel Rosenverkäufer, Musiker, tollpatschige Kellner, Gast mit Tourette-Syndrom am Nebentisch, streitendes Paar.
- Ort Kinderzirkus: Die Teilnehmenden werden von Kindern angeleitet, um Jonglieren, Einradfahren oder Akrobatik zu erlernen – und zum Schluss wird gemeinsam eine Aufführung inszeniert.
- Ort Sporthalle: Gemeinsam sollen alle eine Teamaufgabe umsetzen, die zunächst recht schwierig erscheint. Ein Balance-Board ist aufgebaut, ein überdimensionierter Kreisel, der um seine Achse rotieren kann. Der Auftrag an die Gruppe lautet: Gemeinsam auf dem Board stehen (sehr aufwendig, aber unglaublich in der Wirkung).

Wichtig sind die darauffolgende Reflexion des Erlebten und der Transfer in den Alltag. Was heißt das Erlebte übertragen auf die Zusammenarbeit? Was lernen wir daraus? Was wollen wir (nicht) erreichen?

Mit diesen Interventionen kann das Erfahrene ein Sinnen nach sich ziehen und die Leitsätze und Werte sind auf diese Weise nicht nur Sätze oder Begriffe, sondern verbunden mit einer Erfahrung. (Be) sinnt euch!

SOZIALES PROJEKT – DENKWELTEN VERNETZEN

Leicht lassen sich Ziele, Strategien und Prozesse verändern. Probleme machen immer die unbewussten Anschauungen, Wahrnehmungen, Gedanken und Gefühle in Unternehmen – sie sind nicht sichtbar, und doch prägen sie die Organisationen. Sie sind der Ausgangspunkt für Werte und damit auch für Handlungen in Organisationen.

Werte geben Sinn, aber manchmal geht der Sinn verloren, oder Werte sollen sich verändern oder sogar neu erschaffen werden. Beispielsweise gehören die Themen Verantwortung oder Unternehmertum auf die Wunschliste der Organisationen an ihre Mitarbeiter. Wie kann nun etwas so Tiefgreifendes anders gelebt werden? – Manchmal helfen das Aussteigen aus der üblichen Denkwelt und ein Eintauchen in eine andere, sinnhafte, basierend auf sozialen und moralischen Werten. Genauer gesagt, sich mit einem sozialen Projekt zu beschäftigen, das zunächst wenig mit dem eigenen Berufsfeld zu tun hat. Wie das die Wertewelt in einer Organisation prägt, wollen wir im Nachfolgenden näher erläutern.

METHODE: WERTE LEBEN LERNEN

Braucht man neue Werte, so hilft es, wenn das Thema Werte überhaupt erst einmal in die Organisation kommt. Werte entstehen nicht im Kopf – Werte entstehen im Tun. Werte werden sichtbar gemacht, indem sie gelebt werden. Sie werden dort erzeugt, wo sie am meisten gebraucht werden: in einem Verantwortungsprojekt.

Gemeint ist damit ein soziales Projekt, das Sinn schafft, Nutzen bringt und Lust macht auf Neues. Ein Verantwortungsprojekt ist keine Geldspendeaktion, sondern bedeutet Handeln für andere. Etwas zu tun für jemand anderen oder viele andere schafft Sinn und Identität und verändert durch kleine Bewegungen. Durch Veränderung des Verhaltens in einem Feld wird verantwortungsvolles Verhalten gelernt. Diese Strömungen fließen ins generelle Verhalten der Menschen und damit auch in die Organisation. Lernen über einen

Umweg kann man diesen Weg nennen: Neue Räume des Handelns werden geschaffen und beeinflussen durch Tun das Verhalten an sich. Gibt es eine Kultur im Umgang mit neuen Werten, so ist das der fruchtbare Boden, auf dem die neuen Werte in der Organisation sprießen können.

HANDELN WIE EIN SOCIAL ENTREPRENEUR

Alle werden zu Social Entrepreneurs. Sie sind Unternehmer für Tätigkeiten, die sich mit einer sozialen Idee auseinandersetzen. Als Gebiete für soziales Engagement bieten sich beispielsweise an: Bildung, Umweltschutz, Arbeitsmarktintegration, gesellschaftliche Inklusion, Armutsbekämpfung oder auch Menschenrechte.

Unternehmen wie Ashoka (http://germany.ashoka.org) vereinen 3 000 Social Entrepreneurs, die ihre sozialen Ideen auf den Weg bringen. Initiative zu zeigen und sich für andere zu engagieren scheint im Trend zu liegen. Sinn-Dealing macht den Ashoka-Gedanken attraktiv. Fast schon eine Plattitüde: Menschen wollen Sinn mit ihrem Tun verbinden und das nicht nur als Freizeitbeschäftigung, sondern auch in ihrem Beruf und mit dem, was sie können.

WIE DIE IDEE SEIN MÜSSTE

Über das soziale Projekt bringt man Menschen in Bewegung – sie lernen am Modell. Das soziale Projekt ist aber nicht das Vorbild für das Handeln in der Organisation. Werden beispielsweise Behinderte unterstützt, so gilt das Thema nicht als Vorbild im Umgang mit Kunden oder den Kollegen, jedoch wird das Miteinander zum Gesprächsthema und fokussiert die Menschen auf das Thema »Umgang mit Menschen«.

Das Thema des Verantwortungsprojekts muss also auch zum Thema der zu erlernenden Werte der Organisation passen. Ähnlich wie bei Lernreisen ist eine Verknüpfung der Werte mit den Ideen des Verantwortungsprojekts wichtig. Gute Erfahrungen haben wir mit den Themen Mut, Wertschätzung und Unternehmertum gemacht.

Die Grundidee muss maßgeschneidert sein (auch auf die Strategie), damit sie langfristig (über)lebt und sie sollte so robust sein, dass sie für das Marketing eingesetzt werden kann. Neben der Passung ist das Reden darüber unerlässlich. Das Tun erzeugt Geschichten, über die geredet wird, und die Geschichten werden verbreitet. Die Idee muss zur Organisation passen, weil das soziale Projekt ein Teil von ihr werden soll. Das bedeutet:

- Die Idee ist neu und überraschend: Irgendeine anonyme Gießkannen-Spendenaktion ist unattraktiv.
- Sie muss groß genug sein: Es darf nicht nur eine kleine Zielgruppe profitieren.
- Sie muss in Deutschland für Deutschland sein (überregional).
- Und sie sollte professionell gefunden, gemanagt und kommuniziert werden. Wenn sie gut sein soll, wird sie gewagt sein. Wenn sie gewagt sein soll, birgt sie Risiken.

Um ein solches Projekt zu realisieren, gehören Kompetenz, Drive und Mut dazu. Das heißt mindestens, dass es einer Mitwirkung des Managements bedarf. Denn zunächst wird dadurch kein (ökonomisches oder anderes formuliertes) Ziel erreicht. Daher benötigen solche Projekte eine andere Form der Präsenz und Aufmerksamkeit des oberen Managements.

Teil 4

Handwerkszeug für die Gestaltung von Organisationsentwicklungsprozessen

Dieser Teil beschäftigt sich mit der Arbeit, wie wir als Berater in Organisationen handeln. Im vorhergehenden Teil haben wir uns mit einzelnen Themengebieten beschäftigt und dort einzelne Formate und Methoden dargestellt. In diesem Teil widmen wir uns den Rahmenbedingungen: Wie können Organisationsentwickler den Prozess gestalten? Vom Beginn bis zur Umsetzung finden Sie Hinweise sowie bewährte Formate und Methoden zur Unterstützung.

Dabei unterteilen wir wie folgt:

- Der Anfang – bevor es losgeht …
- Die Analyse und mehr – Dekonstruktion der Kommunikation
- Die Umsetzung – besondere Formate für das Lernen in Organisationen

Der Anfang – bevor es losgeht …

Die im dritten Teil beschriebenen Arbeitsfelder bearbeiten wir mit den Auftraggebern anhand bestimmter Prinzipien, die wir in diesem Teil verdeutlichen. Wir beschreiben zunächst die Rolle eines externen Beraters, der als Prozessberater der Organisation Hilfe zur Selbsthilfe anbietet. Wir bringen keine Ziele in die Organisationen, sondern wir betreiben Hebammenkunst. Am Anfang müssen wir verstehen, was anders und was erhalten bleiben soll. Wir fragen nach und sind dabei zurückhaltend mit eigenen Lösungsvorschlägen. Wir geben Feedback über unser Verständnis der Situation und zeigen mögliche Probleme auf. In der Arbeit selbst sorgen wir für Orientierung und Transparenz des Vorgehens. Wir geben Sicherheit in der Unsicherheit, sind als Person präsent und ermutigen zum Aushalten dieser Ambivalenz. Dabei sorgen wir für Langsamkeit. Denn: Schnelligkeit macht Lösungen oberflächlich.

Um diese Rolle auszuüben, wird ein guter Anfang benötigt. Die Wege, um in eine Organisation zu kommen, sind sehr unterschiedlich (s. Beratungsstile, S. 45 ff.). Wenn wir dann den Auftrag erhalten, die Organisation zu entwickeln, dann beginnt ein Prozess – ein Veränderungsprojekt, ein Lernprozess, eine Intervention …

Auch die Vorbereitung und Begleitung dieser Prozesse ist ein Lernprozess und fördert den sozialen Zusammenhalt. Schon der Beginn und die Steuerung des Prozesses sind Veränderungen in der Organisation – daher ist diese Phase so ungeheuer wichtig.

Sie erhalten im Folgenden ein paar Impulse, die sich für den Anfang eines Praxisprojekts eignen.

AUFTRAGSKLÄRUNGSGESPRÄCH: Nach diesem Gespräch weiß man in der Regel mehr über die mentalen Modelle des Auftraggebers als über den Auftrag selbst. Der eigentliche Auftrag entsteht erst während der Arbeit im Unternehmen. Im Auftragsklärungsgespräch beginnt die Projektion des Kunden auf den Berater. Manche nennen das Vertrauen. Auftraggeber holen Prozessberater häufig mit einer konkreten Lösungsidee. Erfahrungsgemäß ist diese meist bereits ein Teil des eigentlichen Problems. Dabei versuchen sie, Probleme häufig mit demselben Denken zu lösen, mit dem sie entstanden sind. Wer aus einem Gespräch mit einem Kunden den Raum verlässt und alles so ausführt, wie es sich der Auftraggeber wünscht, berät nicht, sondern vollstreckt.

Wichtig ist dabei auch in der weiteren Arbeit, das Gespräch am Laufen zu halten: eine immer wiederkehrende Reflexion zwischen Arbeitsphasen, in denen sich der Auftrag und die Problemsicht ändern.

KOMMUNIKATIONSRUNDEN – MIT WEM SPRECHEN? Ein Team benötigt einen Steuerkreis, der Veränderungen vorbereitet und steuert. In regelmäßigem Rhythmus finden Treffen mit den Führungskräften statt. Noch wichtiger ist aber ein Resonanzteam aus der Organisation. Dieses ist das erweiterte Team. Oder noch besser gibt es zwei Fünfergruppen. Das Team teilt sich für solche Gespräche auf.

Die Frage aller Fragen bei Beratungsdesigns lautet: Wo befinden sich in diesem System die Druckpunkte für die Veränderung, die Weiterentwicklung, den nächsten Schritt, das Weitermachen, die Standortanalyse?

Es ist schöner, wenn man sich gemeinsam irrt und doch die Weisheit der Vielen zugeschlagen hat. Interventionen können immer nur hypothetisch ins relative Systemdunkel erfolgen und müssen aufgrund ihrer – auch nur begrenzt erfassbaren – Folgen für das System Schritt für Schritt überprüft und modifiziert werden. Daher ist eine breite Basis der Erkenntnisse nötig, um maßgeschneiderte – und dennoch riskante – theoriegeleitete Interventionen zu planen.

Gemeinsam wird auf den Prozess geschaut, reflexiv gesteuert. Mit dabei sind unterschiedliche Menschen aus der Organisation (Führungskräfte, produktive, vernetzte Mitarbeiter), wahrscheinlich einige aus der PE-Abteilung und die Berater. Die Gruppenzusammensetzung folgt der Überlegung, welche Bereiche integriert werden und welche Menschen gestärkt werden sollen.

FACE REALITY: Manager haben Macht in Unternehmen. Manchmal vergessen sie dabei alle anderen. Sie bestellen, die anderen müssen essen. Manager werden gemessen, sind vermessen und messen. Das ist ihre Obsession. Sie machen die Programme oder vergeben die Aufträge dazu. Die Produktiven aber haben wenig Lobby und werden nicht gehört oder melden sich schon gar nicht mehr. Veränderungsprozesse beginnen von oben und haben meist nur diese Perspektive. Auch wenn sie das Schneller, Höher und Weiter ins Visier nehmen und die Zielgruppe dabei die anderen sind, empfehlen wir den Dialog vor dem Change-Dialog. Natürlich sind im Tagesgeschäft alle im Gespräch, aber über das Alltagsgeschäft, das »Was« der Arbeit, und nicht über das »Wie«. Bevor es losgeht, empfehlen wir das Gespräch von Veränderern und Operativen. Es ist eine besondere Art von Face Reality.

MISCHUNG INTERN/EXTERN: Unser Grundverständnis ist, dass wir nur so viel unterstützen wie nötig, soll heißen: Wir ermöglichen internes Lernen, das von der Organisation selbstständig weitergeführt werden kann. Gemischte Teams aus Internen und Externen sind daher ein sehr wichtiger Bestandteil unserer Arbeitsweise. So werden in vielen Prozessen auch Prozessberater ausgebildet, die Workshops moderieren und durch ihre veränderte Art eine Kulturentwicklung ermöglichen.

MODULARE PLANUNG: Wir planen einen Organisationsentwicklungsprozess in kleinen Schritten und in Abhängigkeit vom tatsächlichen Bedarf. Inhaltlich, methodisch und von der Taktung passgenau, sodass auf die Dynamik einer Veränderung sinnvoll reagiert werden kann. Ein guter OE-Prozess reflektiert sich immer wieder selbst und reagiert quasi auf die Veränderung in der Veränderung.

ORGANISATIONSENTWICKLUNG ALS PROJEKT VERSTEHEN: Ist ein Thema identifiziert, ist ein Plan für das weitere Vorgehen notwendig. Es bleibt zwar bei dem Satz: »Stecke nie mehr Energie in den Prozess als der Auftraggeber«, jedoch dreht sich die Welt in Organisationen so schnell, dass jeder noch so schöne Anfang schnell von anderen, dringlicheren Dingen verdrängt wird. Da sind wir in der Rolle der Erinnerer beziehungsweise auch manchmal diejenigen, die den Prozess vorantreiben. Wir treiben, indem wir weitere Termine vereinbaren, damit der Prozess verbindlich wird.

METHODE: DAS AUFTRAGSKLÄRUNGSGESPRÄCH

KURZBESCHREIBUNG: Gespräch mit dem Auftraggeber zur Vorbereitung einer Veranstaltung.

INHALTE UND ZIELSETZUNG: Die richtigen Fragen an den Auftraggeber stellen, um eine Veranstaltung vorzubereiten.

LERNKONZEPT: Vor-Workshop, Teamentwicklung, Werkstatt, Lernreise, Großgruppenveranstaltung.

TEILNEHMER: 1 bis 2 Personen.

DAUER: 0,5 bis 3 Stunden.

ABLAUF: Im ersten Schritt des Auftragsklärungsgesprächs lässt sich der Prozessberater das Problem (Istsituation) beschreiben. Dabei sollen das Kernproblem, seine direkten Folgen und die letzte Konsequenz herausgearbeitet werden. Folgende Leitfragen unterstützen den Prozess:

- Was ist schon gelaufen? Wer ist beteiligt?
- Was haben Sie bisher bereits geschafft?
- Wer hat nach der Problemlösung Vorteile oder Nachteile?

Im nächsten Schritt wird der Sollzustand beziehungsweise das Ziel erläutert. Der Auftraggeber soll beschreiben, was sein Wunsch ist, was also wie werden soll. Folgende Leitfragen unterstützen den Prozess:

- Was wollen Sie erreichen?
- Was wollen Sie vermeiden?
- Was könnte zur Zielerreichung notwendig sein? (Ihr Anteil)
- Woran können Sie bemerken, dass das Ziel erreicht ist?
- Was müssen Sie mit der Zielerreichung in Kauf nehmen/aufgeben?
- Was also ist das Risiko/der Preis?
- Was passiert, wenn nichts passiert?

Wichtig bei der Klärung des Auftrags ist natürlich auch die Frage nach den Mitteln und Ressourcen. Folgende Fragen sollten gestellt werden:

- Welche Mittel und Ressourcen stehen zur Verfügung?
- In welcher Kapazität?
- Wie ist der Zugriff beziehungsweise die Gestaltung?

Zum Schluss wird das Controlling des Prozesses geklärt:

- Rückmeldungen und Reviews?
- Welches Zeitraster? (Meilensteine)
- Wer berichtet wann an wen? (Berichte)

Zusätzlich bietet es sich an, dass der Prozessbegleiter die folgenden Fragen im Hinterkopf hat.

- Zweck, Motive, Anlass, Hintergründe:
  - Wer hatte den Impuls? Wie ist er entstanden?
  - Was hat dazu veranlasst? Was war der Auslöser?
  - Wie lautet das Thema? (Erzeugnis, Workshop-Form, Dauer, Priorität und anderes mehr)
  - Wie lautet der Auftrag?

- Was ist das Thema hinter dem Thema?
- Wer ist Auftraggeber?
- Wer hat Nutzen vom Workshop?
- Wie wichtig ist eine Lösung des Problems oder der Situation?
- Wer ist Beteiligter, wer ist Betroffener (Opfer, Täter, Schlichter, Vertuscher, …)?
- Ist jemand parallel tätig beziehungsweise ist etwas geplant?

• Zielsetzung:
  - Was erwartet der Auftraggeber von dem Prozess?
  - Welche offiziellen und/oder welche inoffiziellen Ziele sind bekannt?
  - Gibt es explizite Nichtziele?
  - Woran wird der Erfolg, der Verlauf, die Wirkung … gemessen?
  - Ist die Ausgangslage messbar?
  - Wer beurteilt die Zielerreichung? (Betroffene, Auftraggeber)
• Effekt:
  - Wie hoch ist der Erfolgsdruck?
  - Wie groß ist die Ungeduld?
  - Was passiert bei einem Scheitern?
  - Was passiert, wenn nichts passiert?
• Mittel, Organisation:
  - Wer ist in welcher Rolle verantwortlich?
  - Wer ist Ansprechpartner, Coach, Unterstützer, Promotor …?
  - Wie sind die Randbedingungen, Budgets, Ressourcen, Zeit?
  - Wird Geld für Sofortmaßnahmen benötigt? Wie viel?
  - Wer stellt den Auftrag aus?
  - Welche Auswirkungen sind auf wen zu erwarten?
  - Welche Bereiche oder Abteilungen sind tangiert?
  - Wer gibt Hintergrundwissen?

Es folgen nun zwei Impulse zu möglichen Dialogformaten.

BERATENDE MITARBEITER: ALLE MACHT DEN RÄTEN

METHODE: DIE JUNGEN WILDEN INTEGRIEREN

Unter den 20- bis 30-Jährigen gibt es eine Gruppierung, die ein starkes Bestreben hat, die Welt in pragmatischer und persönlicher Hinsicht zu einem besseren Ort zu machen. Sie lassen ihren Worten Taten folgen, verkörpern ihre Grundwerte und den Wandel, den sie anstoßen möchten. Sie sind unabhängig und selbstsicher, bahnen sich ihre eigenen Wege. Diese Leute suchen dringend Lösungen, in denen auch sie sich auf den heutigen Marktplätzen wiederfinden. Was die großen Traditionsunternehmen ihnen als Karriereweg anbieten, ist für ihren Geschmack oft zu kleingeistig, zu espritlos, zu bürokratisch. In der Folge gründen viele ihre eigenen Unternehmen, in die sie ihre persönlichen Vorstellungen vom Wirtschaften und von sozialer Verantwortung einbringen.

Diese Gruppe hat eine enorme kreative Kraft, aber die alte Klasse etablierter Organisationen hat Mühe, mit ihnen zusammenzukommen. Viele große Unternehmen und Institutionen merken dabei nicht, dass der Zug an ihnen vorbeifährt. Obwohl sie junge Leute einstellen, verpassen sie es, diese kreative Schlüsselgruppe der nächsten Generation in ihre Führungsetagen zu holen.

METHODE: ZEHN KULTURSZENEN

Fachleute geben Feedback – und das nicht in verbaler Form. Das haben sie schon oft getan und sind es müde, mit den Menschen zu reden, die sich nicht verändern können oder wollen. Daher geht es bei »Zehn Kulturszenen« nicht um einen Veränderungsprozess, sondern lediglich darum, die momentane Situation darzustellen und sichtbar zu machen. Nicht im Reden, sondern im Handeln – sichtbar für viele Menschen in der Organisation.

Dafür werden Fachleute zu ihren Themen von externen Beratern interviewt. Diese Themen werden gesammelt und gebündelt. Berater übersetzen die Wünsche in zehn Szenen, die von Schauspielern gespielt werden können. Oder noch besser: Die Fachleute spielen ihre Themen selbst. Gespielt werden die Szenen dort, wo sie tatsächlich stattfinden – in den Büros oder Werkhallen oder in der Kantine.

Was ist der Sinn und was wird dadurch erreicht? Wenn man Mitarbeiter aus ihrem Nischendasein herausholt und ihnen zuhört, kann viel passieren. Sie ernst nehmen und die Themen bestimmen lassen, die verändert werden sollten. Das wäre revolutionär. Denn die einzige Form, in der man Mitarbeiter entwickeln kann, der einzige Ort, an dem das möglich ist, ist in den Köpfen der Führungskräfte. Nur die Veränderung der Bilder der Führungskräfte von ihren Mitarbeitern ist die Veränderung. Der Beginn davon liegt im Zuhören ... oder Zuschauen.

Die Analyse und mehr – Dekonstruktion der Kommunikation

Als Organisationsentwickler beobachten wir, analysieren und bilden Hypothesen, bevor wir uns überlegen, was wir als nächste Intervention planen. Gleichzeitig ist die Analyse, die wir in diesem Kapitel beschreiben, auch eine Intervention. Nur was beobachten wir genau und worauf wirken wir? Wir zeigen den Umgang mit der Kommunikation genauer auf.

»DAS SPRECHEN IST DAS DENKEN DER ORGANISATION.«
(EIN KOLLEGE)

Organisation manifestiert sich aus Sicht der Organisationsentwicklung in wechselnden (Workshop-)Gruppen: Führungskreise, Projektgruppen, Resonanzteams und anderes mehr. Auf diese Gruppen wirken sie dann ein. Organisationsentwickler verstehen sich als Veränderer von Gruppenkommunikation, aus der die Organisation besteht. Verändern sie die Kommunikation der Workshop-Gruppen, verändern sie die Organisation.

Die Schwierigkeit, die Kommunikation in realen Arbeitskontexten zu verändern, lösen die Betroffenen häufig, indem sie gedanklich zwei Sprachwelten schaffen: zwei Kommunikationsweisen. Das bedeutet, dass sie sich in zwei Rollenumgebungen wiederfinden: Seminar- und Workshop-Welt auf der einen und Alltagswelt auf der anderen Seite. Gab man sich in der einen fröhlich-offenes Feedback und beschwor die neue Fehlerkultur, fällt man in der anderen ganz erlöst wieder zurück in geübte Muster und lässt alles beim Alten. Damit kommt man ganz gut durch.

In Organisationen existiert ein Kommunikationsuniversum »Workshop und Seminar« neben anderen Paralleluniversen – ohne gegenseitige Berührungen und Bedeutsamkeiten füreinander. Erfahrenen Bewohnern von Unternehmenswelten fällt es leicht, zwischen den Universen zu pendeln und jeweils den passenden Slang zu wählen.

In Unternehmen kennen die meisten die Praxis des »Schönredens« zur Befriedung von Chefs, Kontrollgremien oder Kollegen, um Schlendrian zu vertuschen, Zeit zu gewinnen oder Probleme einzugrenzen, indem man sie dort lässt, wo man sie nicht lösen kann, statt sie nach oben zu tragen, wo man sie zwar auch nicht lösen kann, aber heroischen Manageraktionismus auslösen würde. Eine Art Mixtur aus Ausreden, Schönfärberei und Wirklichkeitsumschreibung. Viele kennen solches Tun noch aus der Schule, wenn die Hausaufgaben fehlten …

Mag sein, dass Kommunikationen verändert werden, allein die Frage bleibt: Wie groß ist ihr Gültigkeitsbereich und was wird geredet, wenn der Organisationsentwickler weg ist?

KOMMUNIKATIONSANALYSE ALS ROLLENANALYSE

»WENN ICH HERAUSFINDEN WILL, WIE KLUG ODER WIE DUMM, WIE GUT ODER WIE BÖSE EINER IST ODER WAS ER IM AUGENBLICKE DENKT, SO AHME ICH GENAU SEINEN GESICHTSAUSDRUCK NACH UND WARTE AB, WAS FÜR GEDANKEN UND GEFÜHLE IN MEINEM HERZEN AUFSTEIGEN, UM SICH MIT JENEM AUSDRUCK ZU DECKEN.« (EDGAR ALLAN POE)

In unserer Praxis erweitern wir die Perspektive über die Kommunikation hinaus und arbeiten zunehmend mit rollenanalytischen Elementen. Zentrale Elemente dieser Perspektive auf Organisationen sind folgende:

- Menschen in Organisationen sind Rolleninhaber und Rollenspieler.

- Sie sind aktiv und passiv an Spielen beteiligt.
- Spiele sind Handlungs- und Kommunikationsmuster, denen eine Regelhaftigkeit zugeschrieben werden kann und in denen bestimmte Rollen verteilt sind.
- Rollen können beschriebene Positionen in Organisationen (CEO, Betriebsrat, Leiter IT) oder informeller Natur sein (graue Eminenz, Liebling vom Chef, Lame Duck). Diese Spieler sind es, die die Organisation (re-)produzieren. Sie erzeugen das System, in dem sie leben.

WAS SIND ROLLEN?

Rollen sind bestimmt durch Vorgaben, Erwartungen, Zuschreibungen, Interpretationen von außen und vom Rollenträger selbst. Rollenträger erfüllen in unterschiedlicher Weise Erwartungen von außen und nutzen die Rolle auch in unterschiedlicher Ausprägung für eigene Pläne, Interessen und Vorstellungen. Im Rahmen der Toleranzen, die von außen durch Normen und Konsequenzen vorgegeben sind, können Rollen ganz verschieden interpretiert werden. Es gibt Spielräume. Damit werden Rollenakteure gleichzeitig zu ihren eigenen Drehbuchschreibern und Regisseuren.
Rollen in Organisationen sollen Kontingenz reduzieren und Handlungen vorhersagbar machen. Diese Erwartung wird nur zum Teil erfüllt. Auch in einem Fußballspiel sind die Rollen und Ziele klar verteilt und dennoch bleibt der Spielverlauf meist offen.
Zur Durchsetzung von Machtspielen gilt beispielsweise: In Unternehmen können formal ranggleiche Personen ganz verschiedene Einflusspotenziale haben und auch Mitarbeiter können ihre Führungskräfte fest im Griff haben und deren Entscheidungen bestimmen. Solche Spiele werden vor allem in komplexen Organisationen gespielt, weil Interessen üblicherweise nur dadurch umgesetzt werden können, dass Koalitionen gebildet werden. Rollenspieler verhalten sich »mikropolitisch«, indem sie Gefolgsleute anwerben, die sie für das Erreichen der eigenen Ziele arbeiten lassen und die ihnen als Gegenleistung ihrerseits Unterstützung gewähren.

Spiele in Organisationen haben, wie alle anderen Spiele auch, bestimmte Regeln. Dadurch ergeben sich Spielräume, Spielchancen, aber ebenso die Möglichkeit, ausgespielt zu werden. Manchmal haben die Spielarten und die Spielregeln einer Organisation eine gemeinsame Charakteristik, die mit der Unternehmensgeschichte oder Branche zu tun hat (Form dominiert Inhalt, Solidarität vor Individualität, Schnelligkeit vor Abstimmung und so weiter).

In unserer Arbeit haben wir den Versuch aufgegeben, eine Zentralperspektive auf ein Unternehmen zu finden. Wir wissen: Wir betreten eine große Spielwiese, auf die wir von Spielern eingeladen wurden, die diese Spiele spielen. Vielleicht ist es die Einladung, Spiele zu verändern, zu beenden oder sie ist selbst nur ein Spielzug. Ein alter Organisationsentwickler sagte einmal: Ein Organisationsentwickler ist kein Organisationsentwickler. Er übernimmt Funktionen in Spielen.

Oft sind externe Organisationsentwickler Veränderungsspielprofis, die eingewechselt (oder ausgewechselt) werden, um gegen die Widerstandspielprofis besser spielen zu können. Inzwischen gibt es in den großen Konzernen routinierte heimische Veränderungsspielprofimannschaften, die nur wenig Verstärkung durch externe Profis benötigen. Man trifft hier auf eingespielte Gegner, die mindestens eines verbindet: Change-Routinen (im Angriff oder in der Abwehr – je nachdem).

WAS BEDEUTET DIE ROLLENANALYTISCHE SICHT FÜR DIE BERATUNG?

Wie die Arbeit in einer Organisation aussieht und wie sie organisiert wird, hängt also von den Spielweisen der verschiedenen Akteure (Rollen) ab. Sie können sich ergänzen, nebeneinander herlaufen, leerlaufen oder gegeneinander spielen.

- Organisationsentwickler werden manchmal gerufen, wenn Akteure aus Unternehmen mit Spielen oder Spielweisen nicht mehr zurechtkommen oder wenn bestimmte Spiele gar nicht gespielt werden. Manchmal sind Organisationsentwickler von vornherein Teil eines Spiels oder sie werden es.
- Organisationsentwickler helfen in der Regel, Verwirrspiele zu ordnen, Dynamiken, Spielzüge, Logik und Muster herauszuarbeiten und Möglichkeiten für neue Spielzüge oder Mitspieler zu finden. Letztlich geht es darum, zu verstehen, warum bestimmte Akteure tun, was sie tun. Gelingt es, ihre Spiellogik nachzuvollziehen, Spiele aufzudecken, ist viel gewonnen.
- Organisationsentwickler kommen, um zu erforschen, was sich wirklich abspielt, sollten aber auch wissen, was sich abspielen sollte und was sich abspielen könnte.

Methodisch ermöglicht die Spielmetapher die Reflexion, Beschreibung, Erklärung und Veränderung von Kommunikationsphänomenen. Aus Opfern werden Täter. Wo es Inszenierungen gibt, kann es auch Neuinszenierungen geben. Nach unserer Erfahrung gelingt es Menschen aus Organisationen leicht und schnell, solche Spiele zu identifizieren und zu benennen, Rollen im Spiel zu zeigen. Sie nehmen in der Regel die Spielallegorie gern auf, weil ihnen die Zwecklosigkeit (im doppelten Sinne des Wortes, Abkoppelung vom Unternehmenszweck, Freiheit von Sinn des Spiels um des Spiels willen), die der Spielbegriff nahelegt, gut passt.

In klassischen Change-Prozessen werden oft Change-Spiele gespielt, in denen die Rollen in den meisten Fällen klar verteilt sind. Die Guten sind: die Progressiven, die etwas verändern und aus Amtsschimmeln Rennpferde machen wollen (auf dieser Seite sind üblicherweise die Berater). Die Bösen sind: die Konservativen, die nichts verändern wollen und für Kontinuität eintreten oder gegen alles oder für gar nichts zu sein scheinen. So werden zwangsläufig Sieger und Verlierer produziert.

Eine Alternative wäre das Verändern der Metaregeln im Metaspiel. Dazu ist zunächst ein Verstehen und Analysieren notwendig.

Wir arbeiten in der Regel nicht in der Reihung: zuerst Diagnose, dann Intervention. Interventionen sind immer auch Diagnosen und umgekehrt. Zur Veranschaulichung folgen nun einige »Bei-Spiele«, die gern gespielt werden.

BEISPIEL 1: ENTSCHEIDUNGSLOSES MANAGEMENT (INNOVATIONSSPIEL)

ROLLEN: Abwägende Perfektionisten, unzufriedene Progressive.

ORT UND HANDLUNG: Managementmeetings, in denen Entscheidungen für Veränderungen getroffen werden sollen.

WIEDERKEHRENDE SPIELDYNAMIK: Die unzufriedenen Progressiven wollen abschaffen, neu einführen, verändern. Die abwägenden Perfektionisten sorgen sich um Konsequenzen, möchten erst sämtliche Facetten betrachten. Es gibt höflichen Austausch von Vorurteilen und Bedenken. Entscheidungen werden vertagt.

MÖGLICHER GEWINN: Entscheidungen werden vermieden. Die abwägenden Perfektionisten verhindern eine Veränderung, ohne offen dagegen zu sein. Die unzufriedenen Progressiven können vorgeben, alles versucht zu haben.

BEISPIEL 2: KREATIV-SPONTANES MANAGEMENT (INNOVATIONSSPIEL)

ROLLEN: Dynamische Manager, sture Operative.

ORT UND HANDLUNG: Strategieentwickelnde Manager und nachfolgende Rollouts.

WIEDERKEHRENDE SPIELDYNAMIK: Die Manager sind schnell und begeistern sich für neue Ideen. Kreativ, flexibel und voll von Innovationen wollen sie mitreißend sein und andere begeistern. Probleme werden zu Herausforderungen umfunktioniert, gern auch oberflächlich übergangen. Es werden Visionen und Handlungsfelder beschrieben. Broschüren verfasst. Sie treiben vieles voran, bringen aber wenig zu Ende. Die operativen Führungskräfte verhalten sich eher gewissenhaft und regelkonform. Sie verhalten sich wie Bedenkenträger und reden in Ja-aber-Sätzen.

MÖGLICHER GEWINN: Die Feindbilder sind klar beschrieben. Es sind die anderen. Erfahrungsgemäß gibt sowohl in der Gruppe der Manager Zweifler am Kurs als auch in der Gruppe der Operativen. Weil die Rollen jeweils von den anderen schon besetzt sind, erspart man sich eine unangenehme Auseinandersetzung mit der eigenen Peergruppe.

BEISPIEL 3: VORSICHT, BELEIDIGTE MITARBEITER! (INNOVATIONSSPIEL)

ROLLEN: Nette Manager, beleidigte Mitarbeiter.

ORT UND HANDLUNG: Unternehmen in der Krise.

WIEDERKEHRENDE SPIELDYNAMIK: Offensichtlich sind die Ergebnisse schlecht und die Kunden unzufrieden. Die meisten Mitarbeiter sind seit vielen Jahren im Unternehmen und zeigen sich voller Leidenschaft. Das Management beschließt einen Veränderungsprozess zur Neufokussierung und Qualitätsverbesserung. Im obersten Führungskreis zeigen sich die Manager radikal und wild entschlossen, auch unangenehme Entscheidungen umzusetzen. Die gleichen Manager sind aber in der Kommunikation der Entscheidungen und in der Umsetzung der beschlossenen Maßnahmen im eigenen Bereich zaghaft und vorsichtig. Rücksicht und Sanftheit prägen alle Formulierungen. Die Notwendigkeit für eine Veränderung wird nicht gesehen. Gleichzeitig entsteht der Eindruck, dass es gar nichts zu besprechen gibt.

GEWINN: Das Vermeiden verhindert, dass Probleme offen angesprochen werden und Mitarbeiter beleidigt reagieren. Es besteht die Sorge, dass die Mitarbeiter der Führung ihre Loyalität kündigen, wenn Tabus gebrochen werden. Im Kreis der Führungsmannschaft wird das Problem nicht angesprochen, man zeigt sich wild entschlossen oder Themen werden einfach abgenickt und/oder diffus gehalten, um weiter im eigenen Feld das tun zu können, was man für richtig hält.

BEISPIEL 4: REZIPROZITÄT (MACHTSPIEL)

ROLLEN: Helfer und Gerettete.

ORT UND HANDLUNG: Fertigung.

WIEDERKEHRENDE SPIELDYNAMIK: Zwei Meistereien sind unterschiedlich erfolgreich. Die Ausbringung ist in der einen viel höher als in der anderen. Die Krankenzahlen differieren erheblich. Es gibt eine gute Meisterei und eine schlechte. Der »gute Meister« hilft dem anderen gern aus, verlangt dafür aber Entgegenkommen bei der Verteilung von Ressourcen und Vorzügen, die der Mannschaft der guten Meisterei Vorteile bringen und die Unzufriedenheit in der »schlechten« Meisterei verstärken.

GEWINN: Ein Status quo wird aufrechterhalten, weil es keine anderen Lösungen zu geben scheint oder diese als zu riskant eingeschätzt werden.

Diese beschriebenen Spiele entstehen, wenn Menschen zusammenarbeiten. Sie haben keinen Anfang, keinen Urheber. Sie sind Evolutionen von Kooperation, die überleben, weil sie in eine Binnenstruktur passen. In den meisten Fällen werden sie als Problem erst dann wahrgenommen, wenn man sie im Kontext des Ganzen betrachtet. Für die Spieler allerdings ist das Spiel meist kein Problem, sondern eine Lösung, wenn auch bisweilen unangenehm. Weil Spiele nicht als Spiele erkannt werden und sie den Spielern alternativlos erscheinen, erleben wir die Wirkung solcher Spielanalysen meist als überraschend und befreiend für alle Spieler. Spielanalysen sind – so scheint es uns – das Lachen einer Organisation über sich selbst.

METHODE: KOMMUNIKATIONSSPIELE AUFDECKEN

INHALT UND ZIELSETZUNG: »Spiele«, die Führungskräfte und Mitarbeiter spielen, erkennen, analysieren und verändern. Wo Menschen längere Zeit miteinander zu tun haben, entwickeln sich Kommunikationsmuster. Solche Muster können als Spiele bezeichnet werden, weil sie bestimmten (Spiel-)Regeln unterliegen.

Kommunikationsspiele haben drei charakteristische Eigenschaften:

- Sie verdecken Absichten und Motive (zum Beispiel Rechtfertigung). Der Inhalt der Kommunikation ist nicht ihr Zweck, sie dient dem Verstecken der Absichten und Motive.
- Sie haben für die »Spieler« einen verdeckten Nutzen (beispielsweise Vermeidung der Konfrontation mit eigenen Schwächen).
- Sie kehren immer wieder und erhalten so einen Status quo.

LERNKONZEPT: Teamentwicklung, Seminare, Qualitätsentwicklung, Change-Prozess, Werkstatt, Lernreise.

TEILNEHMER: Führungskräfte und/oder Mitarbeiter; bis 50 Personen.

DAUER: 3 Stunden.

ABLAUF: Zunächst erklärt der Berater die Idee des Kommunikationsspiels und beschreibt Beispiele aus anderen Unternehmen. Im Anschluss daran sollen die Teilnehmer eigene Spiele entdecken, die in ihrem Unternehmen gespielt werden. Dabei können die Gliederungspunkte: Name, Rollen, wiederkehrende Spieldynamik, Gewinn (s. genannte Beispiele) vorgegeben werden. Die Teilnehmer bekommen 30 bis 45 Minuten Zeit und erarbeiten in Kleingruppen die Spiele.

In einer gemeinsamen Analysephase können die häufigsten, die fiesesten oder ähnliche Spiele identifiziert werden. Es können dann gemeinsam Spielunterbrecher gefunden werden.

VARIANTEN

- Die Spiele werden als Stegreiftheater auf der Bühne aufgeführt.
- Die »besten« Spiele des Unternehmens werden auf Spielkarten gedruckt und an alle Führungskräfte verteilt. Kommen sie in Spielsituationen, zücken sie ihre Karten …

ANMERKUNG ZUR WIRKUNGSWEISE: Sehr schnell kommen die Teilnehmer auf die Spiele, die sie selbst spielen. Dadurch wird Verdecktes offen und besprechbar gemacht. Und es macht viel Spaß.

PRAXISTIPP: Wir haben diese Methode schon sehr oft in Organisationen eingesetzt und auch gern in einer Abendsequenz durchgeführt. Hier wird das Analysieren nicht so intensiv durchgeführt, aber schon das Vorstellen hat eine lange Nachwirkung und am nächsten Tag wird noch viel darüber gesprochen. Viel Spaß!

DIE METHODE NETZWERKANALYSE

Je mehr gespielt wird, desto stärker ist die Wirkung der Analyse auf eine Veränderung. Je mehr die Spieler in die Analyse eingebunden sind, desto besser verstehen sie die Dynamik und umso größer ist der Wunsch, etwas zu verändern. Spiele funktionieren nur, solange sie nicht als Spiele entlarvt sind. Spiele werden entlarvt, indem ihre Regeln beschrieben werden, wodurch die Vorhersagbarkeit der Kommunikationssituation möglich wird. Wir beschreiben im Folgenden die Methode der Netzwerkanalyse.

METHODE: DIE NETZWERKANALYSE

KURZBESCHREIBUNG: Eine Organisation aus verschiedenen Perspektiven verstehen lernen.

INHALT UND ZIELSETZUNG: Kommunikation lässt sich am besten in Kommunikation reflektieren. Man muss über Spiele gemeinsam sprechen, um sie wirklich zu verstehen. Verstehen heißt: Spielstrategien nachvollziehen, Regeln identifizieren, Gewinne und Verluste bilanzieren und die Beteiligung der verschiedenen Akteure aufzuzeigen.

Dabei verzichten wir auf die Suche nach einer zentralen Perspektive und nutzen stattdessen viele unterschiedliche Sichten. Im Folgenden eine Auswahl von Perspektiven:

- Mensch und Rolle
- Kommunikation/Unternehmenskommunikation
- Deutungsmuster und mentale Modelle
- Legitimation (Sein und Schein)
- Macht und Spiele

ERSTE PERSPEKTIVE: MENSCH UND ROLLE. Die Grundfragen lauten: Wie verhalten sich die Menschen im Unternehmen? Wie denken und fühlen sie? Fragen nach: Geworden-Sein, Denkmustern, Deutungsmustern, Stimmungen, Verfasstheiten. Auf der Verhaltensebene geht es um Folgendes: Verhalten, interaktioneller Umgang, Stimmung, Deutungsmuster, Höhe der Klagemauer, Interventionen/Analysen.

ZWEITE PERSPEKTIVE: UNTERNEHMENSKOMMUNIKATION. Die Grundfrage lautet: Ist die Kommunikation professionell? Verhaltensebene: Offenheit, Ehrlichkeit, Substanz der Kommunikation in Gremien/Medien.

DRITTE PERSPEKTIVE: DEUTUNGSMUSTER UND MENTALE MODELLE. Folgende Grundfragen sind wichtig: Welche Muster gibt es bei den Sinnkonstruktionen? Welche Informationen gibt es über den Verlauf der letzten (Innovations-, Führungs-, Kommunikations-)Spiele? Welchen Einfluss haben sie auf die Regeln? Verhaltensebene: Eine Analyse der Narrative zeigt, welche Richtungen bei der Erklärung von Phänomenen eingeschlagen werden (das machen die nur, weil …). Was ist der Mainstream der Kommunikation? Welche Redewendungen tauchen immer wieder auf? Welche Geschichte hat die Organisation am meisten geprägt? Was ist das größte Problem?

VIERTE PERSPEKTIVE: LEGITIMATION (SEIN UND SCHEIN). Grundfrage: Von wem werden Prozesse, Regeln und Strukturen als passend erlebt von wem nicht und inwieweit bilden sie tatsächlich das Tun der Organisation ab? Verhaltensebene: Flachheit, Machtdistanz, Unterlaufungsgrade, eigentliche Belohnungsmuster/Legitimationen.

Weitere Fragen: Welche Muster gibt es bei der offenen und heimlichen Belohnung von Verhalten? Wie ist das Unterlaufen der Regeln geregelt? Mit welchen Begründungen werden Regeln gebrochen? Wie werden Regeln unterlaufen, umgangen und wie wird darüber geredet? (Legitimation) Was sind eigentlich die Belohnungsmuster? (ebenfalls Legitimation)

FÜNFTE PERSPEKTIVE: MACHT UND SPIELE. Grundfragen: Wer bestimmt eigentlich die Regeln? Welche Standardspiele werden gespielt? Wem nutzen die Spiele, die gespielt werden noch, für welche anderen Zwecke? Verhaltensebene: die Key-Player im System finden. Wer hat Beziehungsmacht? Machttabus und Abhängigkeiten im System identifizieren. Wer hat Einfluss und nutzt ihn zu wenig?

LERNKONZEPT: Gespräche mit Einzelnen und Gruppen.

TEILNEHMER: Kleingruppe.

ABLAUF: In der Anfangsphase machen auch wir uns ein Bild von der Organisation, indem wir nach den ersten Gesprächen und Auftragsklärungen im Organisationsentwicklerkreis Thesen bilden. Die Netzwerkanalyse besteht dann in einer Art informellen Befragung vieler Beteiligter. Dabei hilft unser guter Beziehungsaufbau und wir interessieren uns vor allem für Flurgespräche und informelle Zugänge. Wir nutzen alle möglichen Kanäle. In sequenziellen Netzwerktreffen werden die Fragen von allen Beteiligten immer wieder (neu) beantwortet und zur Thesenbildung genutzt.

Eine gute Möglichkeit ist das Zusammenkommen verschiedener Personen aus unterschiedlichen Bereichen. Mit diesen Gruppen wird darüber gesprochen. Intimer und einfacher an die verdeckten Spiele kommt man in Gesprächen mit Einzelnen. Oder es finden sich Gruppen von drei Personen zusammen, die gefragt werden können. Die Thesen der Netzwerkanalyse werden in verschiedenen Gremien der Organisation zur Diskussion gestellt und dienen so der Reflexion und dem Distanzgewinn.

ANMERKUNG ZUR WIRKUNGSWEISE: Was machen wir nun mit den Antworten auf diese Fragen? Bei der Betrachtung dieser Elemente geht es uns vor allen um ihr Zusammenspiel. Wir schauen Achsen an, Einzelelemente und ihren Bezug zum Ganzen. Wir nutzen für die Datensammlung und das Erstellen eines Gesamtbilds die Organisationsentwickler, die in der Organisation arbeiten, und Unbeteiligte. Dabei folgen wir der Erfahrung, dass Kommunikation nur in Kommunikation begriffen werden kann. Die Methode der Netzwerkanalyse konstituiert ein Ergebnis, das die Stimmung und die Reaktionen der Organisationsentwickler auf das System als Teil des Kommunikationsgeschehens einbezieht. Mit einer anderen Methode würden wir ein anderes Ergebnis erhalten. Die Netzwerkanalyse geht über klassische Interviews oder das naive Sammeln von Informationen hinaus. Sie wird an mehreren Zeitpunkten eines Beratungsauftrags eingesetzt.

PRAXISTIPP: Gerade in der Findungsphase ist die Anonymität der Aussagen entscheidend – viele trauen sich dann, mehr zu erzählen. Für die Spiele sind nicht die Personen entscheidend, sondern die Aussage.

BEISPIELE

PRAXISTIPPS: EINIGE ERGEBNISSE AUS NETZWERKANALYSEN

DIE KOMMUNIKATION IST NICHT OFFEN UND EHRLICH: Die Fehlerkultur ist intransparent. Informationen werden geschönt und gefiltert. Mitarbeiter haben Sorge, für Fehler abgestraft zu werden. Für Führungskräfte kommt es darauf an, Erfolgsmeldungen an die nächsthöhere Hierarchie zu funken. Sie signalisieren damit, dass sie alles im Griff haben. »Alles im grünen Bereich« hat die Meldung zu lauten, um sich in einem optimal beförderungswürdigen Licht zu präsentieren. Eine Karriereorientierung ist somit oftmals mit dem politisch glatten Auftreten eines »Machers« verknüpft.

APPELLOKRATIE: Es gibt eine Schieflage des Informations- und Kommunikationsflusses. Nach wie vor ist der Gedanke bei Führungskräften stark verbreitet: »Ich habe es doch schon gesagt! Darüber habe ich informiert ...« Bei den Mitarbeitern scheint es jedoch nicht anzukommen. Und die Frage, in welcher Form Informationen und Entscheidungen Einfluss auf sie haben, bleibt offen. Möglicherweise ist die momentane Kommunikation zu wichtigen »heiklen« Themen nicht ausreichend genug beziehungsweise es scheint ein Widerstandsphänomen deutlich zu werden. Dabei ist nicht mehr Desselben (mehr Informationen und mehr Dialoge) gemeint. Das ist wenig Erfolg versprechend. Es sind eher andere Wege der Übermittlung von Information und Kommunikation gemeint.

VON DER BASIS AUS BETRACHTET, ERSCHEINEN DIE ÜBLICHEN HIERARCHISCHEN KOMMUNIKATIONSWEGE BLOCKIERT: Enttäuschungen und Probleme werden nicht über die normalen hierarchischen Wege nach oben geleitet. In den Teamentwicklungsmaßnahmen zeigt sich: Die verabschiedeten Maßnahmen sind entweder oberflächlich und trivial oder es werden ganze Kataloge von Forderungen an die »Retter« in der Zentrale adressiert. Der zuständigen Führung wird mit Argwohn begegnet und Gruppenleiter werden zumeist von der Kritik ausgeklammert (»Die können – so wie wir – auch nichts ändern.«).

Auch angesichts langer Entscheidungswege und Bürokratie (die Angst vor falschen Entscheidungen ist ausgeprägt – es gilt, sich jeweils abzusichern …) werden Veränderungswünsche gar nicht mehr artikuliert. Das Ergebnis der blockierten Kommunikation über den Normalweg ist eine große Passivität und die Hoffnung auf einen »Retter« an der Unternehmensspitze, der die Basis wieder aus dem Dornröschenschlaf aufweckt. Der Unternehmensspitze wird in viel größerem Maße zugetraut, ein offenes Ohr für die Probleme an der Basis zu haben, als den »Schönrednern« im mittleren und oberen Management. Erst wer »oben« angekommen ist, kann den Menschen »unten« wieder zuhören, so der Mythos.

DAS WISSEN IM UNTERNEHMEN IST FRAGMENTIERT: Die Perspektive anderer Bereiche ist kaum bekannt oder wird selten in die eigenen Situationsbewertungen einbezogen. Unklarheit bezüglich der Rollen, Handlungsspielräume und Unwissen über Rollen und Schwierigkeiten der anderen Funktionsbereiche fördern Projektionen und Missverständnisse. Zugleich fehlt eine grundlegende Empathie gegenüber anderen Funktionsbereichen. Auch der Sinn vieler Regelungen ist an der Basis nicht mehr bekannt.

ES BESTEHT EINE KULTUR DES MISSTRAUENS STATT DES VERTRAUENS: Scheinbare Widersprüche sind spürbar. Prozesse oder die Realität leben? Prozesse sind vorhanden und sollen eingehalten werden. Ein anderer Blick auf die Realität zeigt jedoch, dass aufgrund gegebener Umstände sehr viel mehr Spontaneität und Flexibilität gelebt wird. Alle Abläufe sind durchgeregelt, weil Mitarbeitern nicht zugetraut wird, im passenden Moment die angemessene Handlung zu vollziehen oder das rechte Wort zu äußern. Auf der anderen Seite wird viel gestohlen (wer so mit uns umgeht, hat auch nichts anderes verdient …). Die Verhältnisse führen in einen vitiösen Zirkel.

Die Umsetzung – besondere Formate für das Lernen in Organisationen

FORM FOLLOWS FUNCTION

Wir haben uns in diesem Teil bereits mit dem Anfang und der Analyse (die meist schon mehr ist als nur Analyse) beschäftigt und nun fehlen noch ein paar Ideen für mögliche Umsetzungsformate von gemeinsamem Lernen.

Das Spannende daran ist das Spannende darin. – Wir beschreiben im Folgenden Veranstaltungen, die Inhalt und Form gleichermaßen berücksichtigen und deshalb gelingen. »Form follows function« ist das Motto, das der Gruppe ein entsprechendes Umfeld des Lernens ermöglicht. Es gibt kein Konzept von der Stange, Auf- und Vorbereitung der Umstände, in denen gearbeitet wird, sind zentral zu beobachten. Grundmuster helfen jedoch, den Rahmen für Ansprüche, Ort, Thema und Menschen zu definieren. Axiome für beste Kontexte sind:

- Mobilisieren der Teilnehmer – keine Bildungsveranstaltung (»Musik von vorn«)
- individuelles Lernen durch Schaffung von Freiräumen
- keine Wiederholung von gleichen Workshops
- Kreativität und Tun: Die Wahrheit einer Absicht ist die Tat!
- Reflexion von Gehörtem (der Empfänger bestimmt die Kommunikation)
- Spaß und Entspannung integrieren
- nichts dem Zufall überlassen – gute Organisation des Ablaufs und des Ortes

- Wechsel von Input und Selbstgestaltung
- Dialog, Dialog, Dialog …

Unsere Lieblingsformate sind:

- Lernreisen: andere Ufer erreichen
- Der Campus: back to the roots
- Cliquenlernen: über Organisationsgrenzen hinweg
- Werkstatt: der Klassiker
- Moderatoren- und Prozessbegleiterausbildung: Wir machen es selbst!

Welche Formate für welchen Zweck hilfreich sein können, haben wir jeder Beschreibung vorangestellt.

LERNREISEN: ANDERE UFER ERREICHEN

»WENN DU IN SCHWIERIGKEITEN BIST, GEH AUF REISEN.« (SPRICHWORT)

Warum kann das Format hilfreich sein? Lernreisen bieten:

- einen ungewöhnlichen Zugang: Lernen in anderen Kontexten
- besondere Erlebnisse und damit verbundene persönliche Lernerfahrung
- Überraschungseffekte – machen Teilnehmer wach und neugierig
- sehr ungewöhnliches Setting – Wertschätzung jedes Einzelnen
- Neues ausprobieren beziehungsweise Bekanntes neu entdecken

Und was gibt es Neues jenseits der Grenzen des eigenen Organisationskäfigs? Eine Lernreise ist Horizontstreicheln, Ideenpiraterie, Benchmark-Tourismus, Begegnung mit den Aliens von anderen Konzernen. Manchmal sind Lernreisen Lieferanten-beim-Kunden-Besuche mit dem Charme von Täter-Opfer-Konfrontationen. Aber immer schaffen sie die Bedingungen für die Möglichkeit, durch frische Realitäten die Muffigkeit in den eigenen Wahrnehmungsburgen zu vertreiben.

BEISPIEL: EINIGE IMPRESSIONEN AUS EINER LERNREISE

Die Lernreise kann beispielsweise folgendermaßen aussehen: »Es duftet. Eine Gruppe Ingenieure aus einem Konzern steht in einer kleinen, offenen Küche eines Start-up-Unternehmens und kocht zehn verschiedene Gerichte. Gäste sind eingeladen, sie wissen nur nicht, wer kommt und für wen sie kochen. Die Umgebung ist ungewohnt, und die Aufgabe ist es auch. Plötzlich kommen viele Studenten herein und setzen sich an die gedeckten Tische. Der Abend wird laut. Am späten Abend dann erfolgt die überraschende Einladung: nicht im Hotel, sondern bei den Studenten zu übernachten.

Der Morgen danach: Treffen in einem Café, eine Fahrt in den Park, wo ein Philosoph unter einer Eiche wartet, seinen Gedanken freien Lauf lässt und über Gerechtigkeitstheorien spricht. Ein Bus wartet am Rande des Parks und fährt die Gruppe in eine Turnhalle, wo ein Riesenkreisel aufgebaut ist – um diesen herum hängen Gurte und Schnüre. Die Manager-Ingenieure sind aufgefordert, alle gemeinsam auf das Board zu steigen und es so auszubalancieren, dass alle darauf stehen können. Die Reise geht weiter zum momentan leisesten Flughafen der Welt (Berlin Schönefeld im Jahr 2014). Auf dem Rollfeld erklärt der Vorsitzende des Untersuchungsausschusses im Senat, wie Großprojekte scheitern.

Die Reise – für die Ingenieure mit unbekanntem Ziel – erreicht ihren Höhepunkt in einem Kindergarten, in dem sie in verschiedenen Kindergruppen gemeinsam mit Kindern Kirschen pflücken, Hockey spielen und vorlesen.«

Hinter dieser Beschreibung verbirgt sich eine Lernreise zum Thema »Innovation und Führung«, wie sie bei einem Unternehmen mit Managern aus dem Ingenieurbereich durchgeführt wurde.

Lernreisen fördern eine umfassende und tief greifende Auseinandersetzung mit vorher definierten übergeordneten Lernthemen, indem sie aktive Lernerfahrungen an ungewöhnlichen Lernorten ermöglichen. Sie bleiben meist unvergessen und sind deshalb so wirkungsvoll, weil sie Herzklopfen bereiten, manchmal ein bisschen die Seele streifen. Sie schleifen die Kanten der Quadrate im Kopf so, dass dann im Runden des eckigen Denkens nichts anderes übrig bleibt, als die Richtung zu wechseln. Selten gelingt es so gut wie auf Lernreisen, aus Weitsichten Einsichten zu machen und aus Emotionen Motivationen für neues Handeln.

Die Orte der Lernreise sind immer abseits der eigenen Arbeitswelt, was nicht bedeuten muss, dass sie weit weg sind. Anders sollen sie eben sein. Sie sollen andere Prinzipien durchschimmern lassen, die entdeckt und adaptiert werden müssen. Im Licht des Anderen wirft das Eigene neue Schatten.

Die Reisegruppe kann an vielen Fragen arbeiten. Eine Auswahl:

- Was machen andere anders, und wieso klappt das besser als bei uns? Oder sind wir gar nicht so schlecht?
- Warum scheitern andere grandioser und stehen schneller wieder auf?
- Wie können wir von erfolgreichen Lösungen aus völlig anderen Arbeitsbereichen lernen?
- Wie können wir es schaffen, stolz auf uns zu sein und unsere Stärken mehr zu stärken?
- Wie verhalten wir uns innerhalb der Reisegruppe untereinander, wie xenophob sind wir, und was hat das mit unseren Innovationsängsten im Unternehmen zu tun?

Lernreisen

METHODE: LERNREISEN

WIE MACHT MAN EINE LERNREISE?

Ein Lernthema wird ausgewählt, dazu eine Teilnehmergruppe (fünf bis 25 Teilnehmer), dann beginnt die Planung der Reise. Eine Lernreise ist aufwendig in der Planung und Durchführung, aber es gibt nichts Besseres! Themenfelder wären beispielsweise:

- Führung und Aufführung
- neue Arbeitsformen wie zum Beispiel Agilität
- Mut, Übermut und Demut
- Innovation erneuern und besser optimieren
- Selbstführung und Selbstdisziplin
- Macht verantworten und Verantwortung machen
- Work-Life-Balance-Akte
- besser streiten, mehr vertragen

Danach werden Orte und Menschen gesucht, die passen. Jeder Ort hat ein Thema, und jedes Thema bekommt einen Ort.

Zu beachten gilt: Werden Orte ausgewählt, die dem eigenen Unternehmen ähneln, wird häufig mehr auf die Unterschiede fokussiert, um Abgrenzung zu ermöglichen (»Das kann man bei uns so nicht machen«). Dagegen wird an Orten, die große Kontraste zum Eigenen bieten, das Geschenk der Fremdheit dankbar angenommen (»Verrückte Jungs, aber gute Idee!«).

Werden andere Unternehmen besucht, empfehlen sich Kontrapunkte: Mit Konzernmitarbeitern geht man zu kleinen Mittelständlern, »alte« Firmen besuchen junge, Produktioner besuchen Händler.

Lernreisende werden bei der Suche nach Gründen oder Ursachen, warum dies oder jenes im eigenen Haus nicht umgesetzt werden kann, auf diese Weise in den meisten Fällen fündig. Mit Geschick und Erfahrung helfen die Berater dann bei der jeweils an die Lernorte anknüpfende Reflexion. Ohne diese wäre alles nur Event-Hopping.

Verstehen die Lernreisenden eigene, nicht erfolgreiche Handlungsmuster, nachdem sie die Splitter bei den anderen gefunden haben, ist viel erreicht. Eine Lernreise ist kein Best-Practice-Shopping, vielleicht eher ein kommentiertes Schauen in den Spiegel, ein Eintopfessen mit anschließendem Zutatenratespiel, eine Konfrontation mit einer Realität, die zunächst nur so scheint, als sei sie eine andere.

Dabei gehören zu den passenden Orten, die mit den jeweiligen Themen verbunden werden, Personen, die für kurze Zeit – ein oder zwei Stunden – Gastgeber für die Lernreisenden sind. Diese erzählen ihre Geschichte gern und freuen sich, wenn einer zuhört. Allerdings ist es besser, wenn keine Vorträge gehalten werden, sondern die Geschichten im Austausch, in Gesprächen, wiedergegeben werden. Das sind dann eher Begegnungen statt Besichtigungen: mit Dirigenten, Kindergärtnern, Burnout-Opfern, Prominenten, Ehemaligen aus dem eigenen Unternehmen, Jugendtrainern, Sterbebegleitern, Schiedsrichtern, Verlierern und Gewinnern. Menschen wie alle eben.

DIE ABWECHSLUNG ZWISCHEN AKTION UND REFLEXION IST BEI DER LERNREISE ENTSCHEIDEND: ERST SO KÖNNEN DIE GEWONNENEN ERKENNTNISSE AUF DEN ARBEITSALLTAG ÜBERTRAGEN WERDEN.

Als Ideenimpulse haben wir auf den folgenden Seiten einige Beispielthemen zusammengefasst, die wir selbst erlebt haben.

BEISPIELE

ERSTER KONTAKT MIT DEM THEMA DER LERNREISE

THEMA DER LERNREISE: Gruppen steuern.

TEILNEHMER: Mitarbeiter eines IT-Unternehmens.

Eine erste Erfahrung, wie sich Gruppen selbst steuern können, machen die Teilnehmer, als sie den Startpunkt der Reise selbst herausfinden sollen. Jeder erhält einen Ausschnitt eines Links, der zusammengesetzt auf eine Internetseite mit einer Karte des Treffpunkts führt.

START IN DIE LERNREISE IN EINEM UNGEWOHNTEN KONTEXT

THEMA DER LERNREISE: Coach und Mentor sein.

TEILNEHMER: Nachwuchsführungskräfte eines Transport- und Dienstleistungsunternehmens.

Die erste Station führt die Nachwuchsführungskräfte in einen Kinderhort. Dort haben sie eine Stunde Zeit, mit den Kindern in Kleingruppen eine Sequenz zu gestalten. Ziel: die eigene Arbeit im Unternehmen interessant und altersgerecht zu erklären. Das gelingt nicht. Man kann sich nicht erklären. Unter anderem führt die Erfahrung später zu bemerkenswerten Konsequenzen bezüglich der Gestaltung der eigenen Website, obwohl das nicht Thema der Lernreisestation war. Manchmal lassen sich auch themenfremde Einsichten nicht verhindern.

SPONTANEITÄTSTEST

THEMA DER LERNREISE: Führung.

TEILNEHMER: Führungskräfte eines Energieversorgungsunternehmens.

Eine völlig aufgewühlte Backpack-Touristin (in Wirklichkeit eine engagierte Schauspielerin – oder doch nicht?) bittet um Hilfe, ihr Portemonnaie sei gestohlen worden und sie habe keine Unterkunft für die Nacht. Die Gruppe geht dabei en passant den Fragen nach, welche Werte eigentlich wichtig sind, welche Ängste diesen Werten regelmäßig im Weg stehen und wie wertvoll es sein kann, eine vermeintlich wichtige Reisestation dem Mitgefühl zu opfern. Und das Ganze in einer Stadt zu einer Zeit, in der alle zum Papstbesuch pilgern und keine Zeit haben für Samaritertum …

ÜBERNACHTUNG

THEMA DER LERNREISE: Zukunft.

TEILNEHMER: Führungskräfte aus der Automobilindustrie.

Jeder der neun Topmanager wird »überraschend« eingeladen, den Abend in einer Studenten-WG zu verbringen und dort auch zu übernachten. Ausgestattet mit einer Flasche Wein und einem Pizzagutschein nehmen die Manager an den Küchentischen sorgfältig ausgesuchter WGs Platz und diskutieren mit den Bewohnern ihre Gegenwart und deren Zukunft. Manche prüfen anschließend unter Anleitung der Studenten die Qualitätsschwankungen im Nachtleben der Studentenstädte über die Jahre hinweg. Für viele das Beste von allem …

REFLEXION

Thema der Lernreise: Attraktives Unternehmen werden.

TEILNEHMER: Personalleiter eines Großkonzerns.

Eingesetzt wird eine alte, abgetakelte Straßenbahn als fahrender Reflexionsort mit einem philosophierenden Straßenbahnfahrer. Eine Zeit lang sind die Sitznachbarn Ex-Mitarbeiter, die das Unternehmen verlassen haben und die ihren ehemaligen Personalern erzählen, warum sie es taten. Der Blick extern von Ex-Internen …

BEGINN EINES VERÄNDERUNGSPROZESSES

Thema der Lernreise: Change-Routinen und Change-Ruinen.

TEILNEHMER: Interne Change-Berater.

Eine Frage-und-Klage-Stunde mit offenen Ohren auf Augenhöhe: Hier hören die Veränderungsprofis voneinander, was geht und was nicht läuft, und erfahren dabei zudem, wie sich Change-Kollegen manchmal gegenseitig etwas vorflunkern, wie man dahinterkommt, einander das verzeiht und dann gemeinsam feststellen kann, dass man ohne Flunkern mehr erreicht hat, als einem das eigene Vorstellungsideal weismachen möchte. Und dass bei allen Change-Akteuren irgendwie die low-hanging fruits immer zu hoch hängen, wenn man sich selbst zu klein macht.

Gerade deshalb sollen Lernreisen beim Wachsen helfen. Dazu gehören aber Tempo und eine Taktung, die passt.

WIRKUNGSWEISE AUF DIE TEILNEHMER: So präzise der Ablauf einer Lernreise auch vorausgeplant ist, nicht vorausplanen lässt sich die Wirkung auf die Gruppe. Manchmal verschätzt man sich, weil man der Gruppe zu viel zutraut. Zu viele Inhalte mit zu hoher Taktung sowie mangelnde Reflexionsmöglichkeiten werden eher als Belastung erlebt und gefährden den Erfolg der Reise. Eine solche Reise ist keine Vergnügungsfahrt – auch wenn sie zu Ponyhöfen führt – sondern harte Denk- und Fühlarbeit für die Reisebücher und -veranstalter. Die ganzen Konfrontationen mit der Wirklichkeit führen mitunter zu gereizten Stimmungen. Wer zerstört schon gern eigene Überzeugungen? Daher ist es wichtig, immer wieder Zeit für echte Erholung und ausreichend Pausen mit einzubauen.

Wird das berücksichtigt, können die Begegnungen inspirieren und die Erlebnisse nachhaltig wirken. Die Teilnehmer kommen ins Nachdenken, reflektieren ihr Verhalten und diskutieren Konsequenzen für ihr Alltagsgeschäft.

ERFOLGSFAKTOREN FÜR NACHHALTIGES LERNEN: Ein Ziel der Lernreise ist es, möglichst viele der gemachten Lernerfahrungen in die Arbeitspraxis zu transferieren. Dabei haben sich bestimmte Faktoren einer Lernreise herauskristallisiert, die das Lernen und den Transfer begünstigen. Hierzu wurden sowohl Teilnehmer von Lernreisen als auch Berater, die schon mehrere Reisen durchgeführt haben, befragt.

- Wechselnde Lernorte ermöglichen es, übergeordnete Prinzipien zu erkennen. Zudem können unterschiedliche Orte unterschiedliche Facetten eines Themas beleuchten. Beim Thema Führung zum Beispiel wird schnell klar, dass grundlegende Fähigkeiten des Beziehungsmanagements bei der Leitung eines Orchesters ebenso wichtig sind wie bei der Leitung einer Kindergartengruppe. Warum sollte es dann in einem Unternehmen anders sein?

- Gruppendynamiken werden angestoßen, weil die Teilnehmer mitten im Geschehen sind und sich nicht verstecken können. »Warum haben wir es nicht auf die Reihe gebracht, mit den Punks angemessen umzugehen, und sind stattdessen passiv geblieben?« könnte zum Beispiel eine Frage sein. Oft kommt auf diese Weise ein Diskussionsprozess in der Gruppe zustande, Rollen und Erwartungen werden geklärt, Selbst- und Fremdbild abgeglichen.
- »Reflecting Team« ist eine Methode, die ursprünglich aus der systemischen Therapie kommt. Im Kontext von Lernreisen kann sie dazu genutzt werden, die Reflexion der Gruppe und des Einzelnen anzuregen. Das Reflecting Team beobachtet das Verhalten und die Gespräche der Teilnehmer und redet anschließend vor der Gruppe darüber: Durch den vorgehaltenen, wertfreien »Spiegel« können blinde Flecken und Stärken erkannt und besprechbar gemacht werden.
- Überraschungen und Geheimhaltung sorgen für Spannung, Aufregung und Spaß. Mit Sorgfalt und Liebe ausgesuchte Orte werden von den Teilnehmern wahrgenommen. Grundsätzlich weiß die Gruppe nicht, wo es hingeht und wen sie trifft. Sie lässt sich fallen und erlebt einfach. Dieses In-etwas-anderes-geworfen-Werden führt zu Offenheit und Perspektivwechsel und hilft den Teilnehmern (vor allem Managern), eine andere Haltung als im Alltag einzunehmen.

DER CAMPUS – DRAUSSEN

Warum kann das Format hilfreich sein?

- Der besondere Ort weckt bei den Teilnehmern besondere Kräfte.
- Führungskräfteentwicklung in einem anderen Umfeld mit anderer Form der Begegnung

- Auseinandersetzung mit der eigenen Persönlichkeit
- in Gruppen gemeinsam erleben
- selbstbestimmtes Lernen

Entwickelt wurde diese Form des Campus-Lernens aus der Idee der Berater von Maiconsulting, sich selbst Themen näherzubringen und etwas Neues auszuprobieren. Am besten probiert man das an Kollegen aus, die einem Feedback dazu geben und Ideen weiterentwickeln können. Nach wenigen Jahren reiner Selbsterfahrung kamen Kunden dazu, mit denen dann gemeinsam an Entwicklungen und Ideen gearbeitet wurde.

Der Campus ist ein exklusiver Ort für das Lernen. Ein Ort, draußen in der Natur mit Feuer, Zelten, Jurten und vielleicht auch Schäferwagen. Die Nähe zur Natur schafft Platz für andere Gedanken. Eigentlich sind wir alle Naturburschen oder -mädels, wir kommen nur nicht dazu. Auch wenn man das bis jetzt noch nicht wusste, so lernt man diese Seiten an sich auf einem Campus kennen. Daher ist ein ausgesuchter, idyllischer und ruhiger Ort die Voraussetzung für dieses Konzept. Ein beispielhafter Ort ist das Hofgut Hopfenburg: www.hofgut-hopfenburg.de.

Und wie wird gearbeitet? Gruppen bis zu 60 Personen kommen zusammen, wohnen in Zelten und arbeiten draußen oder in Jurten. Den ganzen Tag brennt ein Feuer. Arbeitsphasen der gesamten Gruppe (unter freiem Himmel oder im Plenumszelt) wechseln mit Arbeitsphasen in Kleingruppen (draußen oder in verschiedenen Arbeitszelten). Darüber hinaus existieren durchgängige Angebote in verschiedenen Themenzelten, die jederzeit von den Teilnehmern genutzt werden können. Auch der Umgang mit der Zeit ist ein anderer: Es gibt keine durchgetaktete Zeit (Chronos), maßgeblich ist die Zeit, die benötigt wird (Kairos). Einfaches und Komplexes verbinden sich, was zu überraschenden Ergebnissen führt. Ein Hauptthema wird gewählt, das die Überschrift des Campus bildet: »Besser optimieren«, oder: »Wie kommt das Neue in die Welt?«

Jeder Teilnehmer, der auf den Campus kommt, formuliert eine oder mehrere Fragen, die er beantwortet haben möchte. Die Themen des Campus sind somit nicht vorgegeben, sondern werden von den Teilnehmern bestimmt. Es kann sich hierbei um persönliche (zum Beispiel zur eigenen Führungsrolle) oder auf das Unternehmen bezogene (zum Beispiel »Kampf um die Talente«) Fragen handeln. Bei der Beantwortung der Fragen (oder zum Aufwerfen neuer Fragen) helfen die Kompetenz der Berater, die ungewöhnlichen Methoden, der andere Umgang mit Zeit, die Stille und Kraft eines naturwüchsigen und besonderen Ortes und vor allem das geballte Wissen der anderen Teilnehmenden im Rahmen einer wechselseitigen kollegialen Unterstützung. Die Teilnehmer geben ihre Fragen und Inhalte vor und reflektieren gemeinsam mit den Beratern. Die Weisheit der Vielen wird genutzt.

Neben den eigenen Fragen braucht eine Gruppe ein Programm für kleine Lerncliquen und Plenen, Impulse für Individuen, zusammenhängende übergeordnete Themen oder auch exotische Nebenschauplätze. Wir beschreiben nachfolgend einige Elemente eines Campus.

METHODE: IDEEN FÜR EINEN CAMPUS

EINSTIEGE IN DEN CAMPUS: NACH MÖGLICHKEITEN SINNEN

Robert Musil hat den Möglichkeitssinn bekannt gemacht. Wo es einen Wirklichkeitssinn gibt, muss es auch einen Möglichkeitssinn geben, meinte er. Ein Campus hilft, sich auf diesen Sinn zu besinnen.

Wer etwas anders machen muss, damit etwas besser wird, braucht das Talent, mit Realitäten flexibel umgehen zu können. Neues erwächst wohl nur aus der Verneinung der Fakten als Gegebenheiten und aus der Reflexion darüber, was stattdessen sein könnte. Ohne den Möglichkeitssinn wären alle für immer Gefangene des Hier und Jetzt.

Fakten bricht man mit Konjunktiven. Das volle Tagesgeschäft würgt Konjunktive ab. Wer keine Zeit hat, sich vorzustellen, wie etwas auch sein könnte und welche Wirkungen das dann haben würde, bleibt im Reiz-Reaktions-Modus gefangen. Der Campus ist ein Pausenraum zwischen Reiz und Reaktion. Ein Fitnesszentrum für exakte Fantasie, ein Baumarkt fürs anders Machbare, ein großes Ohr für das Unausgesprochene.

Womit schmeckt, riecht, sieht, erkennt man mit dem Möglichkeitssinn? Was ist sein Wahrnehmungskanal? Wir glauben, es ist die Frage. Aber nicht die Frage, die führt, eher die, die zweifelt. Also wirklich zu fragen, sich zu fragen, andere zu fragen, infrage zu stellen, dabei neugierig zu bleiben und sich verunsichern zu lassen – durch die Antworten, aber noch mehr durch die Fragen selbst.

Campusteilnehmer suchen immer erst einmal eine Frage, die öffnet, ihre gegenwärtige Frage. Dabei helfen Fragen, die auf weitere mögliche Fragen hinweisen könnten:

- Bei welcher Frage hast du aufgegeben, dich mit ihr zu beschäftigen? Warum? Willst du es noch einmal versuchen?
- Welche deiner Ideen macht dir Angst (weil sie so gut ist)?
- Welche deiner Ideen würde deine Organisation verändern/dich verändern?
- Wo hast du das Gefühl, dich im Kreis zu drehen, und wo lösen Lösungsversuche Probleme nicht? Wozu fällt dir nichts mehr ein?
- Wenn du Zeit hättest für Wichtiges, mit welcher Frage würdest du dich beschäftigen?
- Auf welche deiner Fragen willst du eigentlich keine Antwort? Warum?

METHODEN FÜR DAS PLENUM

Folgende Methoden haben sich im Plenum bewährt:

- Dialog im Plenum mit den wiederkehrenden Fragen »Was war?«, »Was ist?«, »Was für Inhalte kommen als Nächstes?«.
- »Think-Tango«: Eine Kleingruppe findet eine Antwort auf die Frage eines Teilnehmers.

- »Wortschöpfung«: Die Gruppe sucht neue Wortschöpfungen und pflanzt dazu einen Baum.
- Kunstwerk während des Campus herstellen: Es werden Bäume der Erkenntnis gebaut – einzelne Stelen mit den Erkenntnissen werden in den Boden gehauen.

SPEZIFISCHE ANGEBOTE FÜR KLEINGRUPPEN

- »Emotionen-Mobile«: Emotionen (Emotionsketten) darstellen und empfinden
- »Zukunftsvisionen«: in die Rolle eines zukünftigen Ich schlüpfen und anderen Menschen begegnen
- »Kulturanalyse«: Kultur-TÜV mit verschiedenen Ansätzen – zum Beispiel Kommunikationsspiele aufdecken
- »Burn-Outlet«: Was hindert mich daran, meiner Arbeit mit Leidenschaft nachzugehen?
- »Innere Antreiber und biografische Arbeit«: Suche nach Sätzen, die uns seit der Kindheit/Jugend antreiben; Kraftquellen in der Biografie ausfindig machen.
- »Kunst des Scheiterns«: Wo bin ich gescheitert, und was habe ich daraus gelernt?

FORTLAUFENDE ANGEBOTE

- »24-Stunden-Dialog«: Die Gruppe bekommt die Aufgabe, einen Dialog (jeweils zwei Personen) zu beginnen und durchgängig 24 Stunden am Laufen zu halten. Immer zwei Menschen sind im Dialog. Egal worüber. Sie führen das Gespräch so lange wie notwendig. Die Reihenfolge der Dialogpartner wird vorher (per Los oder Wunsch) festgelegt. Es wird nur die Reihenfolge festgelegt. Nicht die Uhrzeiten. Es gibt keine festgelegten Uhrzeiten. Es gibt 20 Paarungen. Überlappende Dialoge sind sinnvoll.
  Nicht zwei beginnen neu, sondern der Wechsel der Partner geschieht mit Verzögerung. Beispielsweise redet A mit B. C übernimmt die Rolle von A (und redet weiter mit B). A kümmert sich,

dass D kommt. Dann reden C und D miteinander. B kümmert sich derweil, dass E kommt …

- »Persönliche Songs«: Lieder werden kreiert, die auf die einzelnen Personen zugeschnitten sind.
- »Sinnmaschine«: Brief (oder Podcast) an sich selbst schreiben
- »Magic-Shop«: Erkenntnisse werden durch kleine Gegenstände exemplifiziert und erzeugen ein »sacred bundle« wie in indianischen Kulturen.

Campus

MIT GUMMISTIEFEL UND GEIST Der Geist des Campus, die besondere Lernatmosphäre, ist nicht zuletzt gekennzeichnet durch Füße im Dreck, innere Orte und Begegnung. Die Besonderheit des Ortes und die Zuwendung zu den Fragen und Themen der Teilnehmer führen zu einem individualisierten Lernen. Das wertschätzende, personennahe Arbeiten wird an Details wie einem extra ausgewählten Buch und einer persönlichen Campusausstattung deutlich.

In diesem Sinne bekommen alle Teilnehmer (nicht zwingend, aber schön!): Ein Buch. Ein Zelt. Einen Stuhl. Ein Feuer. Ein Firmament. Gummistiefel. Essen. Trinken. Begegnung (mit sich und anderen).

CLIQUENLERNEN: LERNEN ÜBER ORGANISATIONSGRENZEN HINWEG

Warum kann das Format hilfreich sein?

- Perspektivenwechsel
- Austausch und Reflexion über die eigenen Mustergrenzen
- Ressourcenschonend: wir tun uns zusammen
- Vernetzung

Kleine Mittelständler haben keine großen eigenen Personalentwicklungsabteilungen und bieten meist keine eigenen Lernkonzepte an. Menschen in Organisationen stehen vor der gleichen Herausforderung, die Ziele ihrer Strategie mit der Logik der Struktur und dem Selbstverständnis der Kultur zu verbinden. Wie kann es einen Weg geben, die eigenen Mitarbeiter – meist dann die Führungskräfte – zu entwickeln? Ohne viel Geld in die Hand nehmen zu müssen!

METHODE: NETZWERKE QUALIFIZIEREN

Drei bis fünf Organisationen schließen sich zusammen und gründen gemeinsam ein Netzwerk des Lernens.

Wenn gleichgesinnte Personen zusammenkommen, um gemeinsam in Lerngruppen ihre Lernfelder zu bearbeiten, so ist das Arbeit in Cliquen. Cliquen bestehen aus maximal zehn Personen. Passgenau können in diesem Lernumfeld Fragen gestellt werden, die auch selbst beantwortet werden. Eine solche Clique ähnelt der Supervisionsgruppe und hat dennoch einen anderen Charakter – es geht um die Entwicklung der Organisation und nicht nur um die persönliche, eigene Entwicklung.

Sinnvoll ist es daher, wenn mindestens zwei Personen aus einem Unternehmen kommen, damit das Wissen auf mehrere verteilt wird und die Organisation im Kleinen stärker abgebildet werden kann. Ein solches Arbeitsnetzwerk braucht Verbindlichkeit und Zeit – eine solche Gruppe muss sich finden und Vertrauen muss wachsen, damit andere Gespräche möglich sind.

LERNEN AM UNTERSCHIED UND ZWISCHEN UNTERNEHMENSKULTUREN: Haben sich Menschen aus den Organisationen gefunden, wird ein Lernplan benötigt, der gemeinsam ausgearbeitet wird. Schon das allein ist ein Prozess des Lernens, da Unterschiede verhandelt und Entscheidungsprozesse reflektiert werden können. Unterschiedliche Kulturen werden sichtbar, und über die Wahrnehmung einer anderen Organisation wird auch die eigene Organisation anders erscheinen. Diese Art von Reflexion bietet die Möglichkeit, blinde Flecken zu entdecken und die eigene Organisation zu verändern.

Haben sich die Teilnehmenden geeinigt, folgen oft Themen wie:

- Organisation: Veränderungsprozesse gestalten, Interventionsmöglichkeiten, Kommunikation, Führungsstile, Struktur, weitere Themen aus der Organisations- und Personalentwicklung
- Gruppe: Konfliktmanagement und Mediation, Gruppendynamiken verstehen, Kommunikation in Gruppen, Workshops moderieren, Methodenpool aufbauen
- Personen: Führungsentwicklung, Kommunikation, eigenes Verhalten reflektieren, Rolle, eigene mentale Modelle erkennen, Auftritt und Wirkung

WERKSTÄTTEN

Warum kann das Format hilfreich sein?

- Alle lernen gemeinsam.
- Ein Thema der Organisation tritt in den Vordergrund. (Fokus)
- Jeder Teilnehmer hat Verantwortung für seinen eigenen Lernprozess.
- Organisation wird dynamisiert und energetisch aufgeladen.
- Notwendige Netzwerke werden aktiviert.
- Identität und Zusammengehörigkeit werden gestärkt.
- Innovative Impulse werden in die Organisation hineingebracht.

Werkstätten sind unserer Erfahrung nach die ideale Form für Großgruppen, in der man sich gegenseitig inspiriert, ermutigt und in Bewegung bleibt. Werkstätten sind Lernorte für Inputs, noch mehr aber sind sie Begegnungsfeste, Kommunikationslabore und Denkzentralen der Organisation.

METHODE: WERKSTATT

KURZBESCHREIBUNG: Großgruppenveranstaltung zu bestimmten Metathemen.

INHALT UND ZIELSETZUNG: Werkstätten sind Arbeits- und Lernkontexte für Großgruppen, bei denen bestimmte Zielgruppen einer Organisation in einem relevanten Themenfeld unterschiedliche Lern- und Veränderungserfahrungen machen sollen. Das Thema der Werkstatt orientiert sich dabei an den Entwicklungsfeldern der Organisation (Führung, Veränderung, Vision, Werte, Kultur, Strategie und so weiter) und ist meist eingebettet in eine langfristige Organisationsentwicklung. Werkstattkonzepte vereinigen viele verschiedene Facetten:

- Individuelles Lernen wird mit der Dynamisierung der Organisation in Veränderungsprojekten verbunden.

- Themen werden vertieft vermittelt mit einem hohen Transfererfolg in funktionale Einheiten oder Teams.
- Ein für die Organisation relevantes Thema wird aus dem großen »Grundrauschen« aller anderen Themen herauskristallisiert.
- Wichtige Botschaften werden an die Organisation gekoppelt und Leidenschaft und Motivation erzeugt.

LERNKONZEPT: Großgruppenveranstaltung (40 bis 400 Personen).

DAUER: 2 bis 3 Tage.

Ressourcen: Genügend Materialien für die jeweiligen Stationen, passende Räumlichkeiten (keine Business-Hotels, eher Pensionen, Klöster, Jugendherbergen, ungewöhnliche Orte), ausreichend Moderatoren und Berater.

ABLAUF: In einer Werkstatt werden verschiedene Kurse zu einem Themenkomplex angeboten. Die Auswahl der Kurse ist frei, und jeder erstellt seinen eigenen Lernplan. Ein besonderer Aspekt der Werkstatt ist, dass Interne (Mitarbeiter, Führungskräfte) zu Experten gemacht werden und nicht nur externe Trainer das Konzept durchführen. So gewinnt der Begriff »lernende Organisation« eine zusätzliche Dimension, weil alle entdecken, welche Potenziale in ihnen schlummern und Lernen voneinander tatsächlich möglich wird. Die »Laientrainer« machen die Erfahrung, dass sie ein Thema besonders gut durchdringen, indem sie es anderen beibringen. Sie werden in der Vorbereitung und manchmal in der Durchführung durch die erfahrenen Externen unterstützt. Sie schlüpfen in eine neue Rolle und verändern gewohnte Interaktionen. So entsteht eine neue Dynamik im Unternehmen.

Eine Werkstatt dauert zwei bis drei Tage. In dieser Zeit wechseln sich Plenumsveranstaltungen und angebotene Workshops ab, manchmal laufen sie auch parallel. Diese Form des Lernens erzeugt

Spaß, Buntheit, Selbstreflexion, Gespräche, Orientierung, Gemeinsamkeit, Individualität und meist ein wenig Schlafdefizit.

Zu Beginn ist es ein guter Impuls für die Teilnehmer, darüber nachzudenken, mit welcher Frage zum Thema sie sich eigentlich intensiver beschäftigen wollen. Eigene Lernprojekte der Teilnehmer – ganz individuelle Fragestellungen zum Thema – können so wirksam bearbeitet werden.

Bei der Wahl der Kurstitel sollte beachtet werden, dass sie anregend oder ironisch sind und neugierig machen. Dabei sind die Kursthemen übergreifend, aber themenzentriert. Es entsteht ein Gefühl der Themenfülle, bei der man am liebsten nichts verpassen möchte. Das animiert Gespräche zwischen den Kursen über das Versäumte und erhöht die Lerndichte.

Die Workshops sollen alle Sinne ansprechen. Der Unterschied einer Werkstatt zu einem Standardseminar liegt darin, dass die dynamische Abfolge von individuellem und gemeinsamem Lernen neue Erfahrungen erzeugt und den sofortigen Realitätsabgleich ermöglicht. Das Plenum wird zum Resonanzraum für das Gelernte. So wird individuelles Lernen in kleinen Gruppen mit Großgruppenformen verbunden. Die Vorteile beider Lernformen ergänzen einander.

Werkstätten verlangen einerseits Eile, bieten andererseits aber auch die Chance der Entschleunigung. Und sie öffnen Innovationsfelder: In den Abend- und Nachtveranstaltungen wird mit dem Lernen selbst und der Kultur des Lernens experimentiert. Ernst und Freude, Spiel und Beobachtung, Kontemplation und Aktion, kreative Begegnungen mit Kultur oder Ursprünglichkeit wechseln sich ab.

Der Vorteil für eine Organisation besteht darin, dass Werkstätten eine konstruktive Lern- und Bildungskultur aktivieren, intensivieren, vitalisieren und somit Dynamik in die Organisation bringen. Werkstätten schaffen Identität, stärken die Zusammengehörigkeit und tragen innovative Impulse in das Unternehmen.

Werkstätten sind Unikate: Bedarfsgerechte und passgenaue Einzelkompositionen, zusammengesetzt aus Wiedererkennbarem und Neuem, Erfolgreichem und Experimentellem.

PRAXISTIPPS: Ein wichtiges Element ist das Abendprogramm, das gern auch bis in die Nacht dauern kann. Bewährt haben sich zum Beispiel für Führungsteams »Leadership – wir singen bis wir ein Team sind!«, für Teams »Wie Pippi Langstrumpf Feedback gibt« oder Improvisationstheater »Gemeinsam lernen« oder es werden Impulsgeber einladen, die über ein fremdes Thema erzählen.

Der Ablaufplan einer Führungs-Werkstatt kann zum Beispiel folgendermaßen ausschauen:

BEISPIEL FÜR EINEN ABLAUFPLAN EINER FÜHRUNGS-WERKSTATT	
ERSTER TAG	
11:00–12:00	**Eröffnung im Plenum:** Wo stehen wir (Reflexion der Auftaktveranstaltungen)? Wo wollen wir hin? Wie setzen wir unseren Weg fort?
12:00–13:00	**Reflexion in Kleingruppen:** Worin stimmen wir überein? Was hat uns irritiert? Was hat uns gefehlt? (anschließender Dialog im Plenum)
13:00–14:00	**Mittagspause**
14:00–14:15	Kursauswahl: Jeder Kursleiter stellt seinen Workshop vor
14:15–16:00 Kurswahl: *»Meine Rolle«*	Workshop-Phase 1: Wer soll ich sein? Wenn ja wie viele?
	Workshop-Phase 1: Modelle von Führung
	Workshop-Phase 1: »Was du nicht willst ...« Selbstreflexion
	Workshop-Phase 1: Auf der Suche nach Musterbrechern

16:00–16:30	**Kaffeepause (Kurswechsel)**
16:30–18:30 Kurswahl: »*Veränderung*«	Workshop-Phase 2: Logik von Organisationsentwicklung
	Workshop-Phase 2: Ohne Unterschiede ist alles nichts (Kommunikation, Konflikte und Missverständnisse)
	Workshop-Phase 2: … und warum nicht alle »Hurra« schreien
	Workshop-Phase 2: Gruppendynamik
18:30–19:00	**Plenum**
19:00–22:00	Mögliches Abendprogramm: freiwilliges Beisammensein. Mögliche Aktivitäten: • Liedership (gemeinsam Singen) • Fackelspaziergang • Kommunikationsspiele aufdecken • Improvisationstheater erlernen Oder einfach gemeinsames Abendessen
ZWEITER TAG	
09:00–10:00	**Plenum:** Was beschäftigt euch? In Kleingruppen aufstellen, reden lassen (10 Minuten) – danach hineinfragen
10:00–10:15	**Kursauswahl**
10:15–12:15	Workshop-Phase 3
	Workshop-Phase 3
	Workshop-Phase 3
	Workshop-Phase 3
12:15–13:15	**Mittagessen (Kurswechsel)**
13:15–13:30	**Kursauswahl**

13:15–15:00	Workshop-Phase 4
	Workshop-Phase 4
	Workshop-Phase 4
	Workshop-Phase 4
15:00–16:00	**Plenum: Austausch – Ausblick – Abschluss**

MODERATOREN- UND PROZESSBEGLEITERAUSBILDUNG

Warum kann das Format hilfreich sein?

- Unterstützung einer Organisation Veränderungen voranzutreiben
- Mithelfer und Impulsgeber in einer Organisation etablieren
- Multiplikatoren für ein Thema finden
- Stärkung des Wir-Gefühls: »Wir machen es selber«
- Mut finden, sich zu verändern und dadurch auch die Gruppe/Organisation

Die Qualifizierung und der Einsatz interner Prozessbegleiter ist ein zentrales Element für Veränderungsprozesse. Prozessbegleiter sind normale Mitarbeiter, die moderieren können und Verständnis für Gruppen und Organisationen haben. Der externe Berater kann so eine Gruppe moderieren und sein Wissen an die internen weitergeben. Es gibt keine bessere Möglichkeit, um Menschen für einen Veränderungsprozess zu gewinnen, als sie zu Prozessbegleitern zu machen. Prozessbegleiter sind lokal präsent, verfügbar und können unmittelbar reagieren. Sie kennen sich aus in den Strukturen und Abläufen, in der Kultur und mit den informellen Kommunikationskanälen. Sie wissen, wie sie die richtigen Leute zu den richtigen Themen zusammenbringen können, und haben ihr Ohr am Herz der Menschen in der Organisation.

METHODE: MODERATOREN- UND PROZESSBEGLEITERAUSBILDUNG

INHALT UND ZIELSETZUNG: Ziel der lernfeldorientierten Ausbildung zum Veränderungsbegleiter sind die Entwicklung oder der Ausbau von sozialer Kompetenz/kognitiver Orientierung/Implementierung von Verbesserungs- und Veränderungsprozessen im Unternehmenskontext, d. h.in den jeweiligen Unternehmensbereichen.

LERNKONZEPT: Workshops mit gleichbleibender Lerngruppe.

DAUER: Eine Ausbildung dauert mindestens drei Bausteine (7 Tage). Es kann auch zweimal zwei Tage dauern, wenn die Teilnehmer schon ein wenig Vorwissen mitbringen. Denkbar wäre auch, sich ein bestimmtes Thema vorzunehmen (Schnittstellen-Workshops, Feedback, Moderation von Dialogen) und dieses Thema mit dem Teilnehmern vor- und nachzubereiten.

RESSOURCEN: Freistellung der Teilnehmer für die Zeit; Ort außerhalb der Organisation.

ABLAUF: Die Ausbildungsgruppe trifft sich mit dem Berater. Im Mittelpunkt steht das Lernen auf zwei Ebenen:

- Theoretisches Wissen über Menschen, Gruppen und Organisationen erfahren und sammeln.
- Erfahrungen sammeln und teilen, indem die Gruppe über sich spricht und erfährt, wie sich das als Teilnehmende anfühlt.

Jeder Baustein hat ein Thema, der schwerpunktmäßig bearbeitet wird (zum Beispiel Basiswissen Prozessbegleitung, Change-Wissen in Organisationen, Umgang mit Gruppen).

Die benannten Umsetzungsformate sind einige Formate, die sich in unserer Praxis sehr bewährt haben. Viele dieser Ideen erscheinen sehr aufwendig und … das sind sie auch. Vorbereitungen der Lernreisen sowie einen Campus zu organisieren, verlangen viel Geduld und Flexibilität von einem Team. Unsere Erfahrungen sind, dass es sich lohnt, wenn viel Energie in die Vorbereitung gesteckt wird – und Ungewöhnliches wie Persönliches eingebracht wird. Eigentlich immer strahlt das auf die Teilnehmer ab und bewegt sie, zu geben und sich auf Prozesse einzulassen.

Teil 5

Anhang

Die Autoren

MIRJA ANDERL: 1972 in Hamburg geboren, aufgewachsen in Oldenburg, ist Volljuristin und war mehrere Jahre Geschäftsführerin in einem mittelständischen Unternehmen. Nach dem Studium der Rechtswissenschaft absolvierte sie eine mehrjährige Ausbildung in systemischer Organisationsberatung und machte sich 2007 als Organisationsberaterin selbstständig. Seit 2009 ist Mirja Anderl für die MAICONSULTING GmbH & Co KG tätig. Sie berät Konzerne, mittelständische Unternehmen, Schulen und Start-ups in Übergangsphasen und ist Autorin mehrerer Bücher. Ihr Tätigkeitsschwerpunkt liegt derzeit auf verschiedenen Ansätzen zur Realisierung eines »Next Change« wie zum Beispiel Kulturveränderung durch Transparenz und Beteiligung, Impulsgebernetzwerke aufbauen sowie der Realisierung neuer Veränderungs- und Lernformen mit Lernreisen. Ferner sind digitale Kommunikation und digitale Führung ihre Themen. Mirja Anderl lebt in Berlin.

E-Mail: mirja.anderl@maiconsulting.de

UWE REINECK: 1960 in Karlsruhe geboren, aufgewachsen in Durlach, Diplom-Psychologe, ist seit 1991 als selbstständiger Unternehmensberater tätig. Er ist Geschäftsführer der MAICONSULTING GmbH & Co. KG in Heidelberg. Seit dem Studium der Psychologie, Pädagogik und Philosophie arbeitet er mit Menschen in unterschiedlichen Lebensphasen und Lebenssituationen. Er ist darüber hinaus zertifizierter Psychodrama-Therapeut und leitet das Psychodrama-Institut Freiburg/Heidelberg. Seit vielen Jahren berät er Konzerne und mittelständische Unternehmen bei Veränderungs- und Stabilisierungsprozessen. Erfahrungen aus der praktischen Arbeit und die beständige wissenschaftlich-theoretische Auseinandersetzung mit den Themen hat er über die Jahre in einer Vielzahl von Veröffentlichungen einfließen lassen. Ein aktueller Schwerpunkt seiner Tätigkeit liegt in der Entwicklung und Durchführung neuer Formen von Führung und Steuerung in Unternehmenskontexten, die sich mit Agilität und Digitalität beschäftigen. Uwe Reineck lebt unterwegs und in Berlin.

E-Mail: Uwe.reineck@maiconsulting.de

MAICONSULTING

Die MAICONSULTING GmbH & Co KG berät und unterstützt Unternehmen und Organisationen bei komplexen Entwicklungsaufgaben. Mit Erfahrung, Wissen und der kreativen Lust am sinnvollen Tun bieten die Berater der MAICONSULTING Unterstützung und Umsetzungsbegleitung überall dort an, wo neue Lösungen gesucht werden oder bewährte Lösungen lebendige Impulse brauchen.

Webseite: www.maiconsulting.de

Der Illustrator

Christian Ridder wurde in 1972 in Utrecht/ Niederlande geboren. Nach dem Studium Industrial Design Engineering an der TU Delft arbeitete er zuerst für Sony in Stuttgart und Tokio, später für die Deutsche Telekom in Berlin. Dank 17 Jahren Berufserfahrung als Manager von Innovationsprojekten kennt er die Facetten der Arbeit in Großkonzernen aus der eigenen Praxis.

Seit 2013 hat Christian Ridder sich als selbstständiger Business Illustrator auf das Visualisieren organisatorischer Themen und Prozesse spezialisiert. Auf großen Plakaten werden die Inhalte von Workshops und Konferenzen von ihm als »Graphic Recorder« live protokolliert. Auch hilft er Unternehmen beim Visualisieren von Visionen, Strategien und Leitlinien. Diese werden als Poster, Präsentation oder Animation besser verständlich und erlebbar gemacht.

Seine Illustrationen – unter anderem für das »Handbuch Prozessberatung« (2012), »Mythos Change« (2015) und »Zeitmanagement im Takt der Persönlichkeit« (2017), werfen einen gleichzeitig analytischen als auch humorvollen Blick auf typische Arbeitssituationen.

Organisation: BUSINESS as VISUAL
Website: www.business-as-visual.com
E-Mail: info@business-as-visual.com

Literatur

Anderl, M./Reineck, U. (2016): Handbuch Prozessberatung. Kultur verändern – Veränderung kultivieren. 2. Auflage. Weinheim und Basel: Beltz

Appelo, J. (2016): Managing for Happiness: Games, Tools, and Practices to Motivate Any Team. Hoboken, NJ, USA: Wiley.

Berner, W. (2015): Change! 20 Fallstudien zu Sanierung, Turnaround, Prozessoptimierung, Reorganisation und Kulturveränderung. Stuttgart: Schäffer-Poeschel.

Buer, F. (2010): Organisationsentwicklung jenseits des globalen Steigerungsspiels. In: Buer, F.: Psychodrama und Gesellschaft. Wege zur sozialen Erneuerung von unten. Wiesbaden: VS Verlag für Sozialwissenschften, S. 319–331.

Doppler, K./Lauterburg, C. (2014): Change Management. Den Unternehmenswandel gestalten. 13. Auflage. Frankfurt am Main: Campus.

Elke, G. (2007): Veränderung von Organisationen Organisationsentwicklung. In: Schuler, H./Sonntag, K. (Hrsg.): Handbuch der Arbeits- und Organisationspsychologie. Göttingen: Hogrefe, S. 752–759.

Foerster, H. v. (1999): 2 × 2 = grün. 3. Auflage. Audio-CD. Berlin: supposé.

Glasl, F. (2017): Konfliktmanagement. Ein Handbuch für Führungskräfte, Beraterinnen und Berater. 11. Auflage. Stuttgart: Verlag Freies Geistesleben.

Glatz, H./Graf-Götz, F. (2011): Handbuch Organisation gestalten. Für Praktiker aus Profit- und Non-Profit-Unternehmen, Trainer und Berater. 2. Auflage. Weinheim und Basel: Beltz.

Gray, D. (2012): The Connected Company. Sebastopol, CA, USA: O' Reilly & Associates.

Illouz, E. (2011): Die Errettung der modernen Seele. Berlin: Suhrkamp.

Kotter, J. P. (1997): Leading Change. Boston, USA: Harvard Business School Press.

Kühl, S./Moldaschl, M. (Hrsg.) (2010): Organisation und Intervention. Ansätze für eine sozialwissenschaftliche Fundierung von Organisationsberatung. Mering: Hampp.

Kühl, S./Schnelle, T. (2009): Führen ohne Hierarchie. In: OrganisationsEntwicklung 2009/02, S. 51 ff.

Loebbert, M. (2009): Kultur entscheidet. Kulturelle Muster in Unternehmen erkennen und verändern. Leonberg: Rosenberger.

Luhmann, N. (2006): Organisation und Entscheidung. 2. Auflage. Wiesbaden: VS Verlag für Sozialwissenschaften.

Migge, B. (2018): Handbuch Beratung und Coaching. Wirkungsvolle Modelle, kommentierte Falldarstellungen, zahlreiche Übungen. Mit E-Book inside und Online-Material: 4. Auflage. Weinheim und Basel: Beltz.

Müller, G.F./Braun, W. (2009): Selbstführung. Wege zu einem erfolgreichen und erfüllten Berufs- und Arbeitsleben. Bern: Huber.

Nagel, R. (2017): Organisationsdesign: Modelle und Methoden für Berater und Entscheider. 2. Auflage. Stuttgart: Schäffer-Poeschel.

Neuberger, O. (2002): Führen und führen lassen. 6. Auflage. Stuttgart: UTB.

Oestereich, B./Schröder, C. (2016): Das kollegial geführte Unternehmen. Ideen und Praktiken für die agile Organisation von morgen. München: Vahlen.

Reineck, U. (2012): Psychodrama: Vorhang auf und Bühne frei! Schönste aller Therapien. In: Meier-Gantenbein, K. F./Späth, T.: Handbuch Bildung, Training und Beratung. Zwölf Konzepte der professionellen Erwachsenenbildung. 2. Auflage. Weinheim und Basel: Beltz, S. 203–233.

Reineck, U./Anderl, M. (2015): Mythos Change. Verändern verändern. Weinheim und Basel: Beltz

Reineck, U./Sambeth, U./Winklhofer, A. (2011): Handbuch Führungskompetenzen trainieren. 2. Auflage. Weinheim und Basel: Beltz.

Rosa, H. (2005): Beschleunigung. Die Veränderung der Zeitstrukturen in der Moderne. Frankfurt am Main: Suhrkamp.

Rustler, F. (2017): Denkwerkzeuge der Kreativität und Innovation. Das kleine Handbuch der Innovationsmethoden. 6. Auflage. Zürich: Midas Management.

Sackmann, S. (2004): Erfolgsfaktor Unternehmenskultur: Mit kulturbewusstem Management Unternehmensziele erreichen und Identifikation schaffen – 6 Best Practice-Beispiele. Wiesbaden: Gabler.

Schein, E. (2016): Humble Inquiry: Vorurteilsloses Fragen als Methode effektiver Kommunikation. Bergisch-Gladbach: EHP.

Schein, E. (2003a): Prozessberatung für die Organisation der Zukunft. Der Aufbau einer helfenden Beziehung. 3. Auflage. Bergisch-Gladbach: EHP.

Schein, E. (2003b): Organisationskultur. The Ed Schein Corporate Culture Survival Guide. 3. Auflage. Bergisch-Gladbach: EHP.

Shazer, S. de (2013): Der Dreh. Überraschende Wendungen und Lösungen in der Kurzzeittherapie. 15. Auflage. Heidelberg: Carl Auer.

Simon, F. B. (2010): Die Kunst, nicht zu lernen. Und andere Paradoxien in Psychotherapie, Management, Politik … 5. Auflage. Heidelberg: Carl Auer.

Sprenger, R. K. (2015): Das Prinzip Selbstverantwortung. Wege zur Motivation. 13. Auflage. Frankfurt am Main: Campus.

Taleb, N. N. (2013): Antifragilität. Anleitung für eine Welt, die wir nicht verstehen. München: Knaus.

Weick, K. E. (1985): Der Prozess des Organisierens. Frankfurt am Main: Suhrkamp.

Wiener, R. (2001): Soziodrama praktisch. Soziale Kompetenz szenisch vermitteln. München: inScenario.

Wimmer, R. (2012): Organisation und Beratung: Systemtheoretische Perspektiven für die Praxis. 2. Auflage. Heidelberg: Carl Auer

Methodenübersicht

METHODE	KURZBESCHREIBUNG	SEITE
Veränderungsruinen-schau	Erfahrungen aus der Vergangenheit werden in kleiner Runde in Form eines Bühnenstücks aufgearbeitet.	S. 63 f.
Führungsfeedback	Führungskräfte und Mitarbeiter treten mithilfe von Interviews, Teamgesprächen und Workshops in den Dialog.	S. 76 f.
Führungsfokus	Führungskräfte aus verschiedenen Hierarchieebenen reflektieren über Führung.	S. 78 f.
Selbstführung	Personenzentrierter Entwicklungsweg, Führung wird neu verteilt und reflektiert.	S. 79 f.
Selbstführung durch Arbeit in Zirkeln	Selbststeuerung durch das Erreichen eigener Zielsetzungen. Im Rahmen von Kleingruppen formuliert jeder Mitarbeiter seine Ziele und tauscht sich regelmäßig mit der Kleingruppe aus.	S. 81 f.
Delegationsboard	Agile Methode zur Lenkung eines selbstorganisierten Teams. Diese Form macht Entscheidungen transparenter.	S. 83 f.
Gemeinsamkeiten und Alleinstellungsmerkmale	Spielerische Erwärmungsmethode. Sie eignet sich besonders für das Kennenlernen in Großgruppen.	S. 97 f.
Soziometrische Aufstellung	Kennenlernmethode. Die Gruppenmitglieder werden nach bestimmten Merkmalen sortiert.	S. 99 f.
Blitzlicht	Jedes Gruppenmitglied gibt einen kurzen Kommentar zur aktuellen Situation ab.	S. 100 f.
Fragen	Verschiedene Fragearten werden erläutert, die in der Kommunikation mit anderen hilfreich sind.	S. 102 ff.
Metaebene	Die Intervention erfolgt durch einen Blick von außen auf die aktuelle Situation.	S. 108

METHODE	KURZBESCHREIBUNG	SEITE
Interview mit einer Führungskraft	Die Führungskraft wird im Rahmen eines Workshops vor den Mitarbeitern interviewt. Anschließend erfolgt die Aufarbeitung in der Kleingruppe.	S. 108 ff.
Ein Impulsgebernetzwerk aufbauen und begleiten	Dieses Format dient der Umsetzung des Wandels im Unternehmen.	S. 120 ff.
Die Küche virtueller Teams	Teams kommunizieren per Messenger orts- und zeitunabhängig. Der Messenger wird sozusagen zur Teamküche.	S. 131 f.
Einführung Digitaler Führung über Messaging-Dienst	Einsatz von Technologie zur Beziehungspflege und Verbesserung der Kommunikation. Es wird möglichst auf Kommunikationsmedien zurückgegriffen, die die Teams bereits nutzen.	S. 133 ff.
Kollegiale Fallberatung	Diese klassische Methode der Fallbesprechung erfolgt durch einen Moderator oder erfahrenen Kollegen.	S. 137 f.
Digitale Fallberatung	Dies ist die digitale Variante der klassisch-analogen Methode. Die Beratung erfolgt hier mithilfe eines Messengers.	S. 140 f.
Change-Kommunikation	Kommunikationsplattform für alle Beteiligten. Zur Vernetzung werden Smartphones genutzt.	S. 143
Innere Lernreise/Face Reality	Die Führungskräfte gehen an die Basis der Organisation.	S. 160 ff.
Reflexionsgruppen	Themen werden gefunden durch die individuelle Problembeschreibung aus »jedem« Bereich.	S.163
Führungskräfte-Workshop	Die Führungskräfte arbeiten gemeinsam an Themen und analysieren den Status quo.	S. 164
Die utopische Organisation – oder die Zukunft!	Die utopische Organisation wird anhand von zwölf Prinzipien im Workshop dargestellt und erlebbar gemacht.	S. 164 ff.
Leidensweg einer Idee	Innovationsprozesse werden mit soziodramatischen Methoden inszeniert und reflektiert.	S. 168 f.

METHODE	KURZBESCHREIBUNG	SEITE
Fünf Szenen	Die Führungskräfte erarbeiten im Workshop Visionen in szenischer Form und führen sie auf.	S. 173 f.
Power-Workshop	Durch Blitzaktionen ins Handeln kommen. Daraus ergibt sich der Anstoß zur Veränderung.	S. 177 f.
Szenische Organisationsberatung: Der Spontaneitätstest	Die Intervention dient der Bewährung in herausfordernden Situationen.	S. 180 f.
Sinnen nach den eigenen Leitsätzen – Werte im Experiment	Werte werden an verschiedenen Orten im »Realitätstest« überprüft.	S. 183 f.
Werte leben lernen	Wertewandel und Sinnstiftung werden durch die Verantwortungsübernahme in einem sozialen Projekt erlebbar.	S. 185 ff.
Das Auftragsklärungsgespräch	Eine Veranstaltung wird zusammen mit dem Auftraggeber im Vorabgespräch vorbereitet.	S.193 ff.
Die jungen Wilden integrieren	Führungskräfte tauschen sich mit jungen Kreativen aus.	S. 196
Zehn Kulturszenen	Die aktuelle Situation und wichtige Themen werden vor Ort szenisch dargestellt.	S. 196 f.
Kommunikationsspiele aufdecken	Es geht darum, Kommunikationsmuster in Gruppen zu erkennen, zu analysieren und zu ändern	S. 207 f.
Die Netzwerkanalyse	Regeln von Kommunikationsmustern in einem Netzwerk werden beschrieben. Auf diese Weise werden sie sichtbar gemacht und können verändert werden.	S. 209 ff.
Lernreisen	Individuell zugeschnittene, aktive Lernerfahrung erfolgt an ungewöhnlichen Orten.	S. 218 ff.
Ideen für einen Campus	Hier geht es um Gruppenlernen in Begegnung mit der Natur.	S. 226 ff.
Netzwerke qualifizieren	Unterschiedliche Organisationen lernen gemeinsam in Lerngruppen/Cliquen.	S. 230 f.

METHODE	KURZBESCHREIBUNG	SEITE
Werkstatt	Arbeits- und Lernkonzept für Großgruppen. In einem relevanten Themenfeld sollen unterschiedliche Lern- und Veränderungserfahrungen gemacht werden.	S. 232 ff.
Moderatoren- und Prozessbegleiterausbildung	Mit dieser Ausbildung werden Mitarbeiter zu internen Prozessbegleitern qualifiziert.	S. 237 f.